U0182274

机载雷达装备技术

张　扬　伍逸枫　段　荣　编著

航空工业出版社

北　京

内 容 提 要

本书包括雷达基本原理、雷达分机技术及雷达处理技术三大部分。雷达基本原理部分包括雷达发展史、主要理论基础、工作方式、基本体制及主要指标等内容；雷达分机技术部分包括雷达微波馈电与天线、发射机、接收机相关内容，主要介绍雷达分机单元基本组成、主要性能指标、不同类型发射机的工作原理以及主要技术；雷达处理技术部分包括雷达信号处理、雷达数据处理及雷达抗干扰处理等内容。

本书可作为雷达专业的原理与系统课程教材，也可作为雷达工程技术人员的参考书。

图书在版编目（CIP）数据

机载雷达装备技术 / 张扬，伍逸枫，段荣编著 . --北京：航空工业出版社，2020.11

ISBN 978-7-5165-1170-1

Ⅰ.①机… Ⅱ.①张… ②伍… ③段… Ⅲ.①机载雷达 Ⅳ.①TN959.73

中国版本图书馆 CIP 数据核字(2020)第 241200 号

机载雷达装备技术

Jizai Leida Zhuangbei Jishu

航空工业出版社出版发行

（北京市朝阳区京顺路 5 号曙光大厦 C 座四层　100028）

发行部电话：010-85672663　010-85672683

北京富泰印刷有限责任公司印刷　　全国各地新华书店经售

2020 年 11 月第 1 版　　2020 年 11 月第 1 次印刷

开本：787×1092　1/16　　字数：185.2 千字

印张：7　　定价：30.00 元

前　　言

机载雷达是作战飞机探测目标参数的重要传感器，战争的需要推动了雷达理论与技术的快速发展。本书主要介绍了机载雷达装备各子系统的功能、基本技术要求、工作原理以及应用的主要雷达技术等内容。全书共分7章。第一章主要介绍机载雷达的理论基础、技术战术指标以及基本体制。第二章主要介绍天线的扫描方式，以及微波馈电器件的功用及常用雷达天线。第三章主要讨论发射机的技术要求、基本组成以及不同类型发射机的工作原理及特点。第四章主要介绍接收机的主要技术指标、基本组成以及采取的主要放大、滤波、检波技术。第五章主要介绍雷达信号处理的基本流程和主要技术。第六章主要介绍雷达数据处理的相关要求，不同模式下的数据处理流程以及跟踪和滤波技术。第七章主要介绍雷达干扰和抗干扰技术。

本书由张扬、伍逸枫、段荣编著，第一部分（第一章）由张扬编写，第二部分（第二到第四章）由伍逸枫编写，第三部分（第五到第七章）由段荣编写。本书是一本适合初、中级技术人员阅读的雷达装备技术教材或技术指导手册，是作者多年来从事机载雷达装备教学科研工作的总结，旨在从最基本的雷达原理及概念对雷达装备技术进行阐述，为读者提供一种浅显易懂的机载雷达装备技术入门手段。其内容系统化、综合化，知识覆盖全面，全书通俗易懂。本书既可以作为雷达专业的原理与系统教材，也可以作为雷达工程技术人员的参考书。由于作者水平有限，不足之处在所难免，希望读者批评指正。

目　　录

第一章　机载雷达概述

本章提示：本章主要介绍了机载雷达装备的理论基础、主要工作方式、基本体制、主要指标等。通过阅读，读者应了解不同体制雷达的基本概念和特点，重点掌握雷达获取目标参数的基本原理、工作方式、主要指标。

机载雷达装备是航空电子系统的重要传感器和目标信息的主要来源之一，是现代战斗机、预警机或轰炸机必不可少的装备。对于现代战斗机而言，除了飞机本身和发动机外，机载雷达装备的性能直接影响到战斗机的作战效能。

第一节　机载雷达的发展历史及应用

早期的机载雷达功能不完善，只能测距，无法测角，也无法自动跟踪，所以被称为测距器。因为当时战斗机的速度低，武器是机枪或航炮，射程短，所以测距器基本能够满足当时武器瞄准的需求。

随着战斗机性能的提高和武器的发展，特别是空空导弹的发展，机载测距器作为火控雷达逐渐退出历史舞台；同时，各种机载全雷达迅速发展起来，但它们在雷达体制上和测距器一样，仍然是普通脉冲体制，一直到20世纪60年代后期，这是机载雷达发展的第一个阶段。

机载雷达发展的第二个阶段的标志是机载脉冲多普勒雷达的研制成功。脉冲多普勒雷达也被称为PD雷达。这种雷达借助多普勒效应，不但能够测出目标的距离变化率，而且还可以从各种杂波中分离出目标回波，或者给出高分辨力的地形测绘，极大地提高了机载雷达的性能。

机载雷达发展的第三个阶段的标志是机载相控阵雷达的出现。这种新体制雷达可靠性高，波束控制极其敏捷，同时载机被敌方雷达截获概率也大大降低，具有普通脉冲雷达和脉冲多普勒雷达所无法比拟的优势。

一、机载雷达发展历史

机载雷达是由地基雷达起步的，第一部地基雷达是英国的“本土链”（Chain Home）雷达。早期的雷达由于受到器件水平的限制，工作频率只能在300MHz以下（米波），“本土链”雷达的工作频率只有11.5MHz，波长达到26m。雷达电磁波的工作频率直接影响雷达把能量集中发射到空中的能力。在天线尺寸一定的情况下，雷达的波长越长，天线波束宽度越宽，天线增益越小。也就是说，雷达的波长选定以后，为了获得尽量窄的波束宽度和增益，应该尽量把天线体积做大。而要增大天线，飞机的空间不允许；如果要提高电磁波的频率和发射功率，器件水平不允许。因此，由地基雷达向机载雷达迈进面临重重的困难。

世界上第一部机载雷达出现在英国，当时为了对付困扰海上运输线很久的德国潜艇，英国于1935年开始研制机载雷达。1936年，美国发明了一种小型电子管，可以产生波长1.5m、工作频率200MHz的电磁波，这使得把雷达装上飞机成为可能。1937年首次试飞了世界上第一部空情监视雷达。同时还出现了用于空空探测与定位的截击雷达，机头和机尾安装有一对偶极子天线，雷达功能仅限于简单的测距、测向。接着美、苏和德国也相继开始研制机载雷达。

20世纪40年代，英国科学家发明了磁控管，第一次使雷达的工作频率由米波波段提高到分米波波段，从而使雷达真正地进入微波时代。雷达工作在微波波段的好处是巨大的。由于频率提高、波长缩短，所以可以允许天线在做得比较小的情况下仍然有很强的方向性，另外，磁控管的发明也解决了雷达频率提高后功率放大的难题，首次让雷达工作在分米波段并产生高达1kW的功率。

磁控管的出现让机载雷达经历了徘徊和困难后有望解决在飞机上的安装问题。同时在这一阶段，另一重要元件的发明——收发转换开关，使得雷达不再需要分置的发射和接收天线，而使收发共用一个天线成为可能。同一时期，雷达天线形式也由钉子状的单个或多个振子、鱼骨状的八木阵列天线向抛物面天线进化。磁控管的发明，收发天线的共用，以及天线形式的演变，使雷达更适合在飞机上安装。在这一时期，美国研制成功了SCR-520、SCR-720（截击）、APQ-7（轰炸）等机载雷达，它们的功能虽比较简单，但具备了雷达的基本功能，可用于空对地的探测和轰炸，空对空的探测和跟踪。

磁控管在雷达中广泛使用后，第二次世界大战（二战）期间出现了多种型号的10cm和3cm波段的军用机载雷达，有了空对地（搜索）轰炸、空对空（截击）火控、敌我识别、无线电高度计、护尾告警等类型。这个时期因装备飞机的需要而产生了众多的军用机载雷达型号，但它们的技术水平却很相近。它们所采用的信号为脉冲调制和调频连续波；发射管是多极真空管或磁控管；天线为振子或抛物面反射天线；显示器则全都采用阴极射线管；自动角度跟踪和距离跟踪系统多用机电式，技术上还不够完善。

二战以后，20世纪50年代，雷达的理论有了重大发展。单脉冲、相控阵、合成孔径、脉冲多普勒（PD）概念的提出，匹配滤波理论、检测统计理论的建立，以及脉冲压缩技术、动目标显示（MTI）技术的出现，为新体制雷达和性能更完善雷达的研制铺平了道路。机载雷达发展了单脉冲角度跟踪、脉冲多普勒信号处理、合成孔径和脉冲压缩的高分辨率、结合敌我识别的组合系统、结合计算机的自动截击火控系统、地形回避和地形跟随、无源或有源的相控阵、频率捷变、多目标探测与跟踪等新的雷达体制。1953年研制成功了“波马克”导弹的高脉冲重复频率PD雷达导弹头，1957年研制出地图测绘侧视雷达UPD-1，1959年研制成功了NASSAR系统的机载单脉冲雷达。

20世纪60年代，微电子器件的出现和数字技术的进步大大促进了PD雷达技术的进展，不同型号的PD火控雷达的研制工作齐头并进，机载预警雷达的研制工作在大力开展，机载相控阵雷达的研制工作也在深入进行，并开展了MERA（微电子用于雷达）计划，验证了机载有源相控阵的可行性。在此期间研制成功了最大的机载火控雷达 AN/AWG-9 火控雷达和 AP-96（E-2A）机载预警雷达。

20 世纪 70 年代，研制成功了多种机载雷达，如火控雷达 AN/APG-66（F-16）、AN/APG-65（F-18）、AN/APG-63（F-15），预警雷达 APS-120（E-2C）、APY-1（E-3A）。在机载相控阵领域美国进行了第二阶段工作，即开展了 RASSR（可靠的机载固态雷达）计划，研制了具有 1048 个 T/R 组件的有源阵列，验证了有源阵列的可靠性。AN/APG-65 雷达则代表了 20 世纪 70 年代的最高水平。

20 世纪 80 年代，机载 PD 雷达处于日臻成熟阶段。在这个时期，研制成功了 AN/APG-76，它是一种三维成像的机载合成孔径雷达（SAR），可称作是 SAR 的“一场技术革命”，对武器制导和识别具有重要意义。同时，还为 F-16C/D 飞机研制了更为先进的 AN/APG-68 火控雷达，它是世界上第一部全波形机载火控雷达；为 B-1B 轰炸机研制了 APQ-164 无源相控阵雷达，为 A-12 研制了 APQ-183 无源相控阵雷达。另外，利用新器件和新技术改进了原有的火控雷达，出现了 AN/APG-71（AN/AWG-9 的改进型）、AN/APG-70（AN/APG-63 的改进型）雷达。在机载有源相控阵方面开展了 SSPA（固态相控阵）计划，研制了一个具有 2000 个单元的阵列，验证了功率效率和经济上的可行性。

到了 20 世纪 90 年代，虽然各国拥有的机载雷达的类型与型号多寡有别，但其技术水平相近。雷达波段通常为 X 与 Ku 波段，预警雷达使用更长波段，直升机雷达则使用毫米波段。雷达的波形通常为具有高、中、低脉冲重复频率的全波形脉冲多普勒全相参体制。发射机通常使用功率行波管。天线一般使用平板缝阵天线，并向无源相控阵以至有源相控阵过渡。信号处理已基本数字化；数据处理也已数字计算机化；由于微处理机的快速发展而使信号处理与数据处理合并在同一个可编程处理机中进行。机载雷达的显示信息均已变换成电视制式信号在航空器的综合显示系统中显示。雷达的可靠性由于大规模集成电路的使用和模块化设计而大幅度提高；雷达的维护性则由于机内自检与试验台的广泛使用而极大地改善。雷达的体积与重量逐年有所降低；功耗则稳定在合理的水平上。最具有代表性的产品是 AN/APG-77（F-22），它是一部有源相控阵火控雷达，代表了机载火控雷达的发展方向。机载预警雷达也朝着有源相控阵的方向发展，如美国波音公司研制的 EX AEW，以色列的 Phalcon AEW 和瑞典的 Erieye AEW，改进的型号有 AN/APG-73（APG-65 的改进型）。

进入 21 世纪，隐身航空器成为发展的方向。隐身航空器上装备的最新一代军用机载雷达与过去几十年装备使用的雷达有了很大的区别。出于隐身的要求，所装备的必须是低截获概率雷达。相控阵天线具有较好的隐身性能，而其技术进展已到实用阶段，因而成为首选的体制。B-2 隐身轰炸机的 AN/APG-181 和 F-22 隐身战斗机的 AN/APG-77 分别采用无源和有源的二维相控阵天线。F-177A 隐身攻击机为了保持其隐身特性与突出对地攻击能力，它仅装备红外探测和制导激光炸弹的激光照射设备，没有装备主动微波雷达。隐身直升机 RAH-66 则采用传播衰减较大的短毫米波段以保持其隐身特性。

新一代军用机载雷达的另一特点是模块化和在航空电子系统中的综合化。无论 AN/APG-77 或 APQ-181，它所构成的组件大量采用其他主力飞机所装备的 AN/APG-68、AN/APG-70、AN/APG-73 和 APQ-164 等雷达的模块，它们之间有很高比例的模块通用性。由于这一代飞机已逐步采用综合航空电子系统设计，雷达在传统上作为一个完整设备的特征开始消失。在“数字航空综合系统（DAIS）”中，雷达的数据输入与输出，及其控制指令均通过数据总线（在美军用飞机中采用军用1553B数据总线）传输，雷达已没有了独立的显示控制分系统。在F-22飞机的“宝石柱”综合模块化航空电子系统中，由于大量的信号处理、数据处理和显示控制功能都已由飞机的综合航空电子系统的信号处理区、任务处理区与综合显示器完成，AN/APG-77雷达只剩下了有源单元电扫阵列（AESA）和可编程信号处理机。有源单元是用砷化镓材料制造的单片微波集成电路（MMIC）收发模块，并直接连接小型辐射器。

新一代军用机载雷达在使用上的特点是便于维护、使用周期长。航空电子系统的机内自检（BIT）系统能够自动检测与隔离故障。判明故障以后，更换通用性较强的模块也很方便。而有源阵列天线更具备“整机性能柔性下降”的能力而不会发生突然的完全失效，因而在很大程度上减少了外场的维护工作。

从长远发展的观点看，未来的军用机载雷达必然与航空器浑然一体；与机上其他电子设备综合，用分布式固态器件产生与接收电磁波；信息的获取和处理多样化、高速化；产品高度可靠，使用完全自动，寿命期内几乎无须维修。

二、机载雷达在现代战争中的应用

雷达已广泛应用于地面、舰船、海上、空中和太空中。地面雷达主要用来对飞机和太空目标进行探测、定位和跟踪；舰载雷达除探测空中和海面目标外，还可用作导航工具；而机载雷达除要探测空中、地面和海面目标外，还可用作大地测绘、地形回避及导航。

机载雷达的分类方法有多种：按照工作波段可分为分米波雷达、厘米波雷达、毫米波雷达等；按照接收目标信号能源的性质可分为一次雷达、二次雷达、无源雷达等；按照技术体制可分为脉冲雷达、连续波雷达、动目标显示雷达、脉冲多普勒雷达、脉冲压缩雷达、相控阵雷达、合成孔径雷达等。

目前，机载雷达按照所承担的战术任务不同，又可分为火控雷达、预警雷达、导航雷达、气象雷达等九大类，如表1-1所示。其中，军用机载雷达占大多数。现在，军用机载雷达不但已经成为各种军用航空器必不可少的重要电子装备，而且其性能优劣已成为航空器性能的重要标志。未来的军用机载雷达还将有一个崭新的面貌。

表1-1　军用机载雷达类型

机载雷达类型	承担的战术任务
机载火控雷达	目标搜索、捕获、跟踪，空中拦截和导弹火控
预警、空地战雷达	捕获和跟踪机载和地面目标
气象雷达	航线气象鉴定、风暴和降雨位置确定
多普勒导航雷达	和惯性平台配合使用，用于机载导航
雷达高度计	精确确定飞机高度
地形回避、跟随雷达	利用地形特点回避地面警戒系统探测
机载导弹雷达	雷达寻的器
监视、地形测绘雷达	定位地面目标，远距离侦察和地形测绘
多用途雷达	把几个雷达功能综合在一起

（一）机载火控雷达

机载火控雷达是机载雷达中装备数量最多的一种。对于现代战斗机而言，除了飞机本身和发动机外，机载火控雷达的性能直接决定了战斗机的作战效能。火控雷达是战斗机火控系统的重要传感器，也是目标信息的主要来源之一。

图 1-1 为法国汤姆逊-CSF 公司研制的 RDY 火控雷达，安装在“幻影”-2000 战斗机的机头位置。

图 1-1　安装在“幻影”-2000 战斗机机头位置的 RDY 火控雷达

在现代作战飞机里，航空电子设备所占的成本约能够占到全机成本的 40%，甚至更多。而在航空电子设备的成本里，机载火控雷达的成本又约占其中的 30%。也就是说，一架价值 3000 万美元的现代化战机，可能有 300 万美元以上的钱是投到机载火控雷达上。所以说，机载火控雷达在战斗机中的地位非常重要。

对火控雷达而言，除了常见的技战术指标，如探测距离、分辨力、抗干扰能力等之外，还需要考虑到外形、体积、重量、耗电等方面载机的承受能力，这对火控雷达的设计提出了更高的要求。

（二）机载预警雷达

从最近几次的现代化局部战争中，人们越来越明显地认识到预警机的重要性，而预警机中非常关键的设备就是机载预警雷达。

图 1-2 是美国的 E-3A 预警机，注意其背部的巨型雷达天线罩。该雷达型号为 AN/APY-2，属于 E-3A 机载预警与控制系统（AWACS）的一部分。

由于地球的曲率和电磁波传播的直线性，地面雷达不可避免地存在低空盲区。尽管人们研制了地面的低空补盲雷达，但是低空盲区问题仍难以完全解决，这是地面防空系统存在的漏洞。解决这个问题的办法就是把雷达架高。例如，架到山上（受地形的限制），架到飞机上（即预警机），架到飞艇上、气球上或卫星上（即艇载、球载或星载预警雷达）。而在这些方案中，预警机及其预警雷达无疑是最好的解决方法之一。

（三）机载导航雷达

顾名思义，机载导航雷达用于载机的导航。一般来说，多数现代多功能火控雷达也具

图 1-2　E-3A 预警机

备导航的功能，如信标导航、协助空中交通管制、空中防撞以及地形跟随和地形回避等。不过此处的导航雷达则是指专门装配于直升机、轰炸机及某些类型强击机上的小型多普勒导航雷达。这种雷达通过多普勒效应，精确测量载机水平向前、水平向左以及垂直方向上的速度，为载机提供飞行指引。导航雷达最重要的特性是有很高的方位和距离分辨力。图 1-3 所示为常见的四波束配置导航雷达发射波束的示意图。

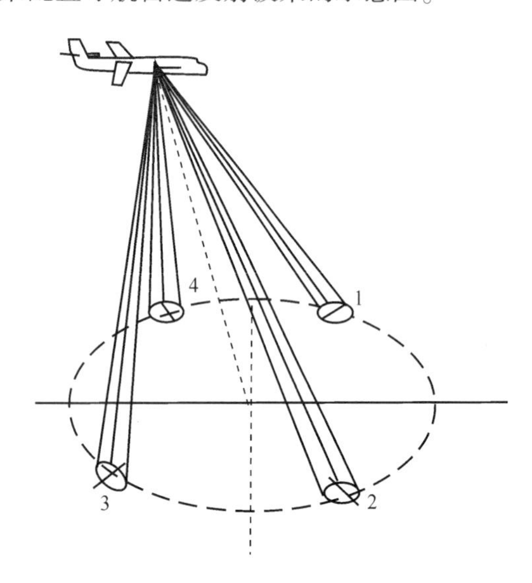

图 1-3　四波束导航雷达示意图

（四）机载气象雷达

由于多普勒气象雷达具有较高的时空分辨率，在中小尺度灾害性天气监测预报中具有独特而有效的作用，目前被广泛应用于探测降水、低空急流以及阵风锋等方面的研究。与地基气象雷达相比，机载气象雷达在飞行中观测具有更多的灵活性，能够从新的视角揭示天气信息。发达国家对机载多普勒气象雷达已有多年的研究和应用基础，对龙卷风和台风等天气的观测试验取得了有效的成果。

图 1-4 是霍尼韦尔公司开发的气象雷达 RDR-4B 及其显示画面。

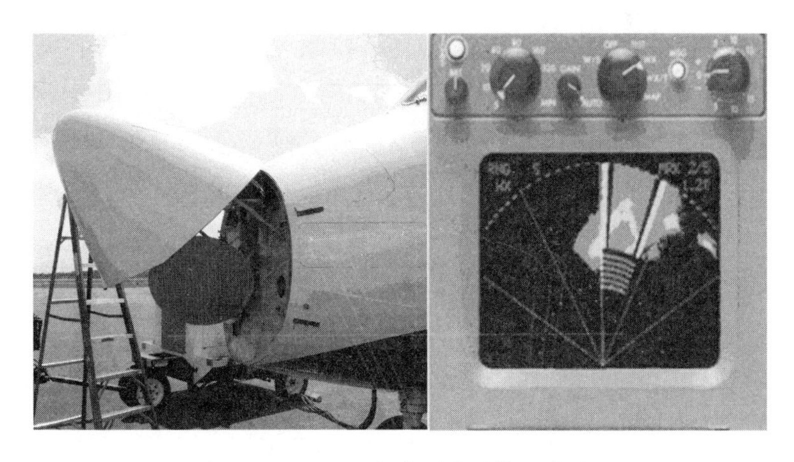

图 1-4　RDR-4B 气象雷达及其显示画面

第二节　理论基础

盲人通过手杖敲击地面，判断道路情况；蝙蝠利用嘴巴发出尖锐叫声，灵活避开障碍物；飞行员驾驶战机追近云层后的入侵者，也能同样准确无误。这些都是利用物体反射回波探测物体并确定物体距离的原理，只不过盲人和蝙蝠利用的回波是声波，而对于战斗机而言，回波是目标反射的雷达电磁波。本节主要介绍雷达利用回波对目标距离、角度以及速度进行测量的基本原理。

机载雷达由于其重量和体积受到机上空间的限制，大多采用收发共用天线的脉冲雷达。图 1-5 为雷达的基本组成和原理示意图。以该图为例来说明雷达探测目标信息的基本原理。雷达发射机产生的电磁波，经收发转换开关后传输给天线，再由天线将此电磁波定向辐射于大气中。电磁波在大气中以光速（约 3×10^8 m/s）传播，如果目标恰好位于定向天线的波束内，则它将要截取一部分电磁波。目标将被截取的电磁波向各方向散射，其中部分散射的能量朝向雷达接收方向。雷达天线搜集到这部分散射的电磁波后，经传输线和收发开关馈送给接收机。接收机将接收到的微弱信号放大并经信号处理后即可获取所需信息，并将结果送至显示器显示。

回波中携带的信息包括目标的距离、目标的空间角位置（方位角、俯仰角）、目标的速度以及目标特征等。

一、距离的测量

测量目标的距离是雷达的基本任务之一。测距的方法主要有脉冲延迟法和调频法。机载雷达大多采用脉冲延迟法测距，如图 1-6 所示。

设目标相对雷达的距离为 R，目标回波滞后于发射脉冲的延迟时间为 Δt。在 Δt 时间内，电磁波在空中经历一去一回传播的距离为 $2R$。因此，根据距离等于速度乘以时间，

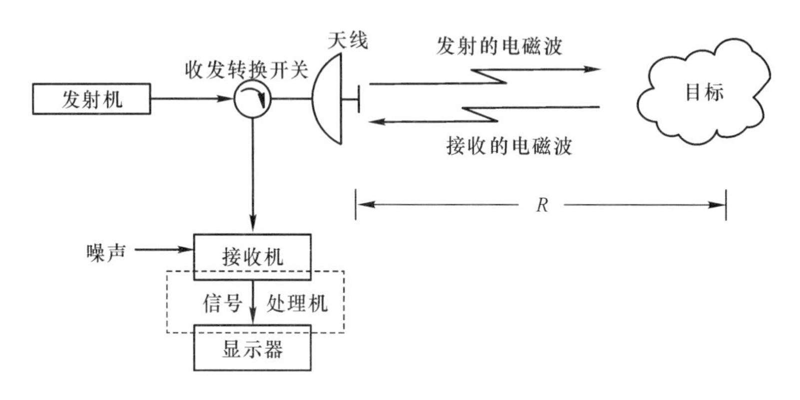

图 1-5　雷达的基本组成及原理

可以得出电磁波传播的距离 $2R$ 与传播时间 Δt 之间的关系，即

$$2R = c\Delta t \text{ 或 } R = \frac{c\Delta t}{2} \tag{1-1}$$

式中：c——光速，3×10^8m/s。

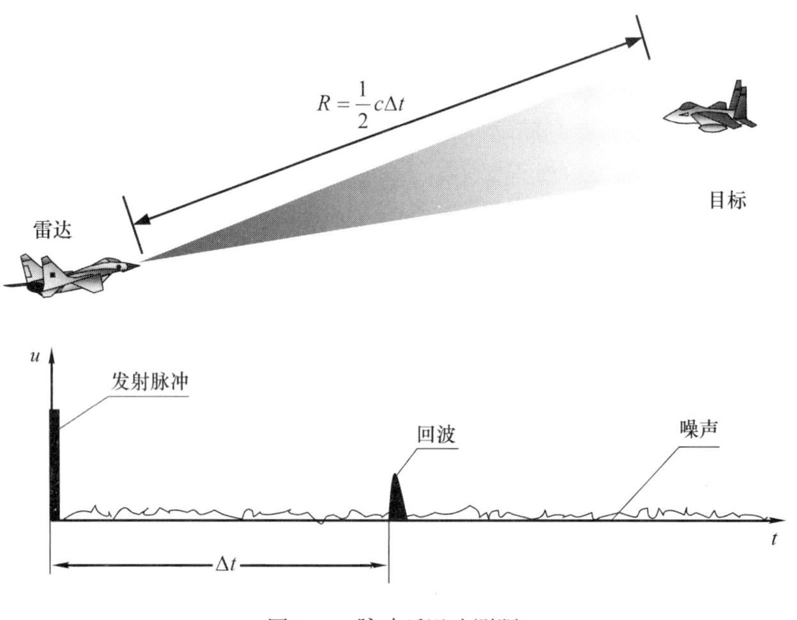

图 1-6　脉冲延迟法测距

根据目标距离与回波滞后发射脉冲的时间关系式，如果时间间隔为 1μs，则目标距离 R 为 150m。因此只要能够测量延迟时间，就可以获得目标的距离。

早期雷达通过显示器由人工来读取目标距离，在显示器画面上根据回波位置直接测读延迟时间，也即测读出目标的距离数据。

现代雷达则采用电压计时的方式自动地测量目标回波的延迟时间，用电压表示相对应的目标距离，将其送给火控系统使用。

而对计算机控制的数字处理现代机载雷达来说，则采用距离门来测定目标回波的滞后时间。下面介绍距离门概念。

距离门是指将雷达的一个发射周期等分为 N 个小单位时间，每个小单位时间（通常等于最小发射脉冲宽度）就称为一个距离单元，或称为距离门，如图 1-7 所示。只要测知哪个距离门内有目标回波，则目标回波的滞后时间（距离）就可由该距离门的距离单元序号与单位时间相乘得到。

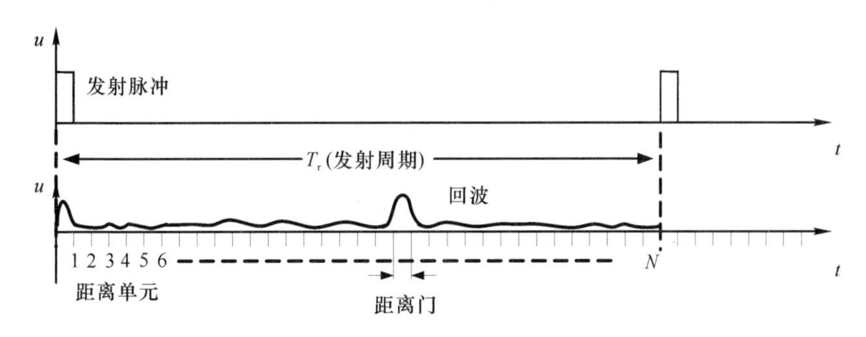

图 1-7　距离门示意图

二、角度的测量

雷达主要是利用天线的方向性和电磁波的直线传播特性来实现对目标角度的测量。主要的测角方法有相位法和振幅法，下面只介绍机载雷达常用的振幅法测角。

振幅法测角是利用天线接收的回波信号幅度值来进行角度测量的。振幅法测角可分为最大信号法和等信号法两大类，下面讨论这两类振幅法测角的基本原理。

（一）最大信号法

当天线波束进行圆周扫描或在一定扇形范围内进行扫描时，对于收发共用天线的脉冲雷达而言，接收机输出的脉冲串幅度值随波束形状变化。波束轴线上的电磁波辐射最强，因此当目标恰好对准波束轴线时，此时的回波信号也最强。找出脉冲串的最大值，确定该时刻波束轴线的指向，即为目标所在方向，如图 1-8 所示。

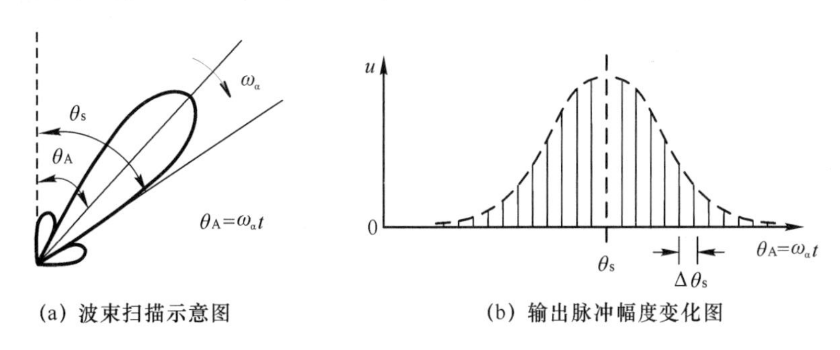

图 1-8　最大信号法测角

最大信号法测角的优点：一是测角比较简单；二是利用天线方向图的最大值方向测角，此时回波最强，有利于发现目标。但其最强回波点不易判别，测量精度不是很高。所以最大信号法测角通常用于雷达搜索状态下的角度测量。

（二）等信号法

等信号法测角采用两个相同且彼此部分重叠的波束，利用它们的回波信号幅度值来进行角度测量，其原理如图 1-9 所示。

两个相同且彼此部分重叠的波束方向图如图 1-9（a）所示。如果目标恰好处在两波束的交叠轴 *OA* 方向，则由两波束接收的信号强度相等，否则两个波束接收的信号强度不相等，故常常称 *OA* 为等信号轴。当两个波束接收的回波信号相等时，等信号轴所指方向即为目标方向。

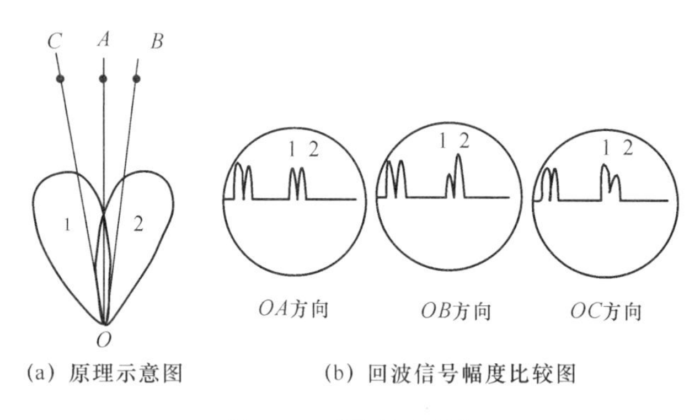

（a）原理示意图　　（b）回波信号幅度比较图

图 1-9　等信号法测角

当目标偏离等信号轴 *OA* 方向（*OB*、*OC* 方向），两个波束接收的信号强度不相等，如图 1-9（b）所示。通过比较两个波束回波的幅值，可以判断目标偏离等信号轴的方向及角度大小。

因此，采用等信号法测角时，需要两个波束，这两个波束可以同时存在（同时波瓣法），也可以交替出现（顺序波瓣法）。前一种方式的典型代表为单脉冲雷达，后一种则为圆锥扫描雷达。

等信号法测角的主要优点：一是测角精度比最大信号法高，因为等信号轴附近方向图斜率较大，目标略微偏离等信号轴时，两信号强度变化较显著；二是能够判别目标偏离等信号轴的方向，便于实现连续自动测角。其主要缺点是测角系统比较复杂。等信号法常用来进行自动测角，应用于跟踪雷达中。

三、速度的测量

目标的相对运动速度可以根据目标距离随时间的变化率来测定。这种办法测速需要时间较长，且不能测定其瞬时速度。一般来说，测量的准确度也差，其数据仅供粗略测量使用。

另外一种办法是利用多普勒效应对目标的相对运动速度进行测量。多普勒效应的经典例子就是火车头开过时汽笛声音发生变化。

如图 1-10（a）所示，当辐射点源静止时，辐射的电磁波比较均匀；而当辐射源运动时，如图 1-10（b）所示，电磁波在运动方向上被压缩，而在运动相反的方向被展宽，运动的速度越快，这种效应越明显，这就是多普勒效应。因为频率与波长成反比，电磁波压缩得越厉害，其频率就越高；反之，频率就越低。

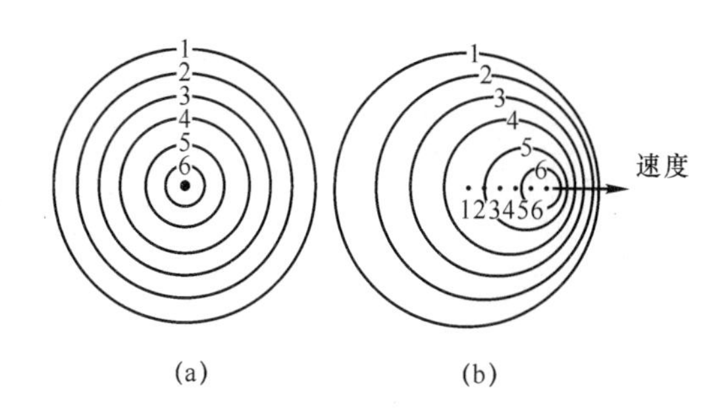

(a)　　(b)

图 1-10　多普勒效应示意图

显然，多普勒效应是由于相对运动引起的。但对于机载雷达而言，这种相对运动，可能是由雷达本身运动造成的，也可能是雷达和目标运动共同产生的。雷达接收的目标回波信号的频率与发射信号的频率不相等，其频率的变化量称为目标的多普勒频移。目标回波的多普勒频移 f_d 可通过下式计算

$$f_d = -\frac{2V_r}{l} = -\frac{2V_r}{c}f_0 \tag{1-2}$$

式中：V_r——目标相对于雷达的距离变化率（径向速度），m/s；

l——雷达发射信号的波长，m；

c——光速，3×10^8m/s；

f_0——雷达发射信号的频率，Hz。

式（1-2）说明，由于目标和雷达之间存在有相对径向运动，使回波信号的频率比发射频率 f_0 增加（或减少）了频移 f_d。其多普勒频移的大小与径向速度 V_r 成正比，而与雷达波长成反比。例如

$V_r=-300$m/s　　$l=3$cm　　$f_d=20$kHz

$V_r=-300$m/s　　$l=10$cm　　$f_d=6$kHz

距离变化率 V_r 有正负之分，当目标接近雷达时，距离变化率为负，回波信号的频率高于雷达发射频率，f_d 为正；目标远离雷达时，距离变化率为正，回波信号的频率低于雷达发射频率，f_d 为负。

对于机载雷达来说，目标相对雷达的径向速度 V_r 的大小由雷达载机速度 V_R 与目标速度 V_T 在雷达对目标视线上的投影决定，如图 1-11 所示。

当雷达载机速度方向与目标速度方向在一条直线上，且方向相反时，则称目标为迎头目标，如图 1-12 所示。在一条直线上，且方向相同时，则目标称为尾追目标，如图 1-13 所示。目标的多普勒频移能在多大范围内变化，完全取决于雷达载机与目标之间的位置情况。迎头接近时，它总是高的；尾追时总是低的；介于两者之间时，其值由视角和目标飞行方向而定。

因此，如果雷达测得回波信号频率与发射信号频率不同，则说明有目标存在，即发现了目标，同时可以通过计算多普勒频移求得目标相对载机的速度。

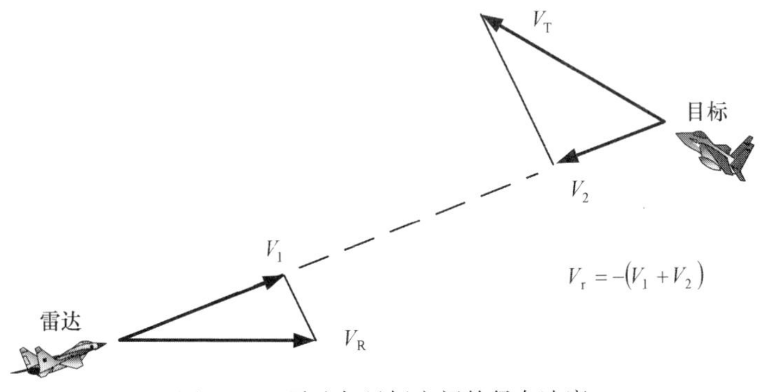

图 1-11　雷达与目标之间的径向速度

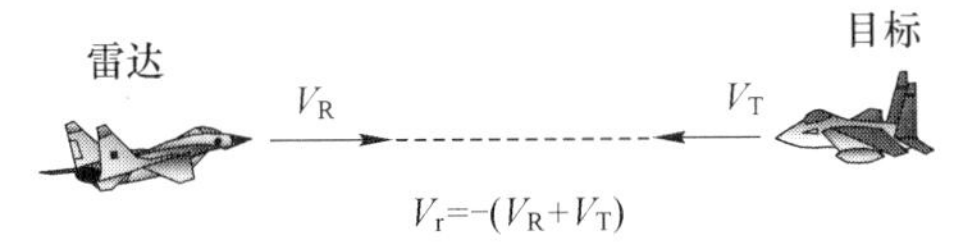

图 1-12　雷达与迎头目标之间的径向速度

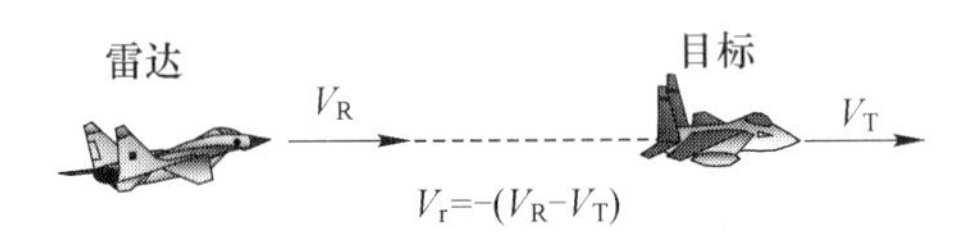

图 1-13　雷达与尾追目标之间的径向速度

第三节　主要工作方式

机载雷达的功能主要包括以下几点：空中、地面、海面目标的搜索与跟踪，干扰源的搜索与跟踪，气象探测与告警、地图成像与测绘，无源探测与定位等。下面介绍机载火控雷达的主要工作方式。现代机载火控雷达都是多功能雷达，具有空-空和空-面工作方式。

一、空-空工作方式

空-空工作方式包括空中拦截和空中格斗两种主模式。空中拦截模式主要用于搜索和跟踪中、远距离目标，对目标的截获跟踪需手动完成。

具体包括：上视搜索及跟踪（扫描空域在水平面以上）、下视搜索及跟踪（扫描空域在水平面以下）、边扫描边测距（RWS）、边扫描边跟踪（TWS）、速度搜索（VS）等方式，如图 1-14 和图 1-15 所示。

边扫描边测距（RWS）探测目标的同时对目标进行测距，用于对一定空域的未知目标进行探测；该方式只能粗略地显示目标的距离、方位、高度，不能直接用来发射导弹进行攻击。

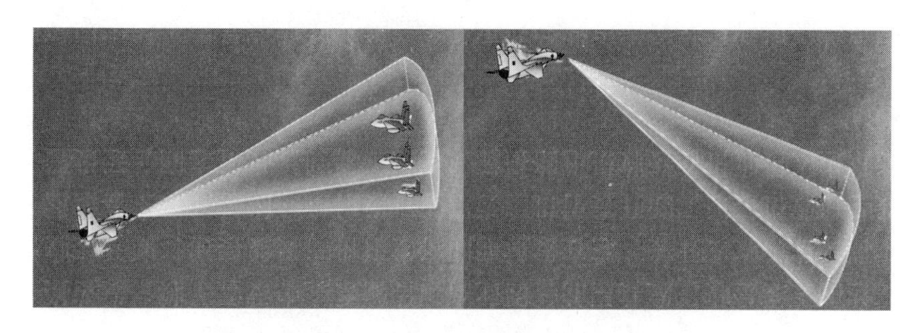

图 1-14　上视与下视搜索及跟踪

边扫描边跟踪（TWS）可以在扫描空域内，同时完成搜索和跟踪多个目标的任务，并对扫描的目标数据进行相关处理，实现跟踪。但跟踪精度不如单目标跟踪的精度高；速度搜索只检测目标速度信息，发现目标存在，但不能给出目标距离信息。

(a) 边扫描边测距(RWS)　　(b) 边扫描边跟踪(TWS)

图 1-15　空-空拦截工作方式

空中格斗模式主要用于近距离空战。雷达在这种工作模式下需要有较快的反应速度，故采用自动截获方式截获目标。具体包括：可偏移扫描中心搜索、垂直扫描搜索方式、平显视场搜索扫描方式、瞄准线扫描方式、头盔随动等方式，如图 1-16 所示。

其中可偏移扫描用于进行近似水平方向机动（方位上机动较大、俯仰上机动较小）的目标；垂直扫描则用于大坡度爬升、俯冲（俯仰上机动较大、方位上机动较小）的目标；平显视场搜索扫描搜索范围与平显视场匹配（20°×20°），扫描中心为平显中心，并随动于飞机机轴，用于方位、俯仰上同时有一定机动的目标；瞄准线扫描方式天线随动于飞机武器轴线，用于航炮攻击，适用于敌机位于我机机头正前方的空战情形。当传感器选择头盔瞄准具时，天线指向随动于头盔瞄准具的方位/俯仰指示，雷达和导弹的轴线随头盔转动，有效地提高飞行员近距格斗的能力，能够实现无线电静默，提高抗干扰能力。当飞行员选定其中任何一种子模式后，基本不需要再对雷达进行操作，雷达自动对一定距离内最先发现、威胁度最高的目标进行截获和跟踪。

在空-空拦截和空-空格斗方式下，如果雷达截获目标，则雷达将工作于单目标跟踪（STT）方式，对指定的空中目标进行精确跟踪，向火控系统提供攻击所需的目标信息。

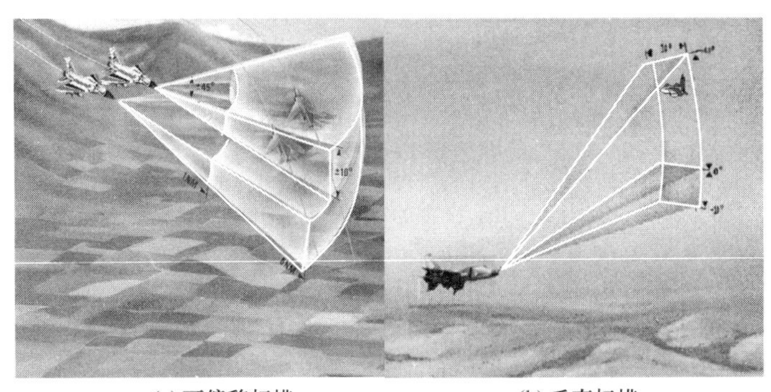

(a) 可偏移扫描　　(b) 垂直扫描

(c) 平显视场扫描　　(d) 瞄准线扫描

图 1-16　空-空格斗工作方式

此时对雷达只能进行抛弃目标操作，其他均为自动，如天线随动于目标，距离量程自动切换等。

二、空-面工作方式

空-面工作方式主要包括空-地和空-海两种主模式。具体包括：空对地测斜距、地面动目标显示、信标方式、地图测绘、地形回避、地形跟随、对海搜索等方式。

空对地测斜距用于测量雷达载机至目标间的斜距。地面动目标显示主要用于对地面运动的坦克群、车队等目标的探测。信标方式，即测出信标的位置，校准导航系统。

地图测绘是利用地面不同物体对雷达电磁波反射能力的不同来实现的，即通过显示天线波束扫过地面时所接收的回波信号强度的差异，在显示器上显示出一幅地面图形。

地图冻结用于隐蔽接敌和偷袭敌方地面目标时的导航，进入地图冻结方式时，雷达关闭发射机（避免被敌方发现），并把停止发射信号前的地形图保持在显示器上，同时显示随后的载机飞行轨迹，飞行员根据画面显示操纵飞机接近目标。

地形回避指飞机低空飞行时，雷达在一定的方位范围内进行方位扫描，发现前方地面障碍，以绕开障碍物（例如，从两座高山中间飞过去）。地形跟随指飞机低空飞行时，雷达波束进行垂直扫描，得到垂直剖面上的地面信息，用以计算垂直方向上的驾驶指令，以保障飞机在低空飞行的安全。

对海搜索方式用于检测海面上的静止或运动目标。另外，有些机载火控雷达还具有气象雷达功能，用于探测飞行前方的天气情况，以回避恶劣天气，如图 1-17 所示。主要用来探测载机前方的雷雨区或降雨区等气象目标，以红黄绿蓝等不同颜色显示对应距离上的气象状况。飞行员根据显示的气象目标情况，操纵飞机回避恶劣气象，以保证飞行安全。

(a)自检(TEST)画面

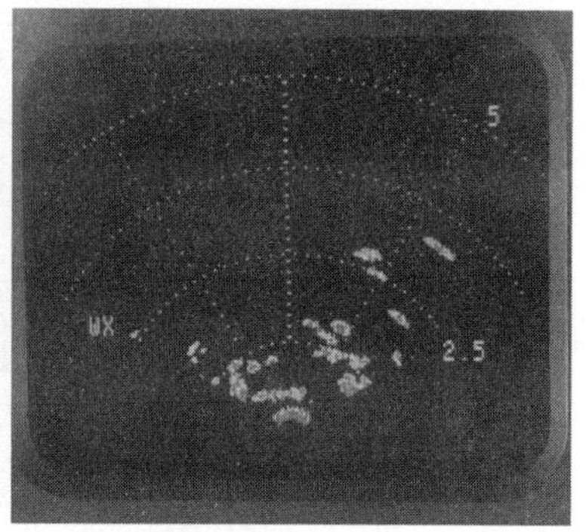

(b) 气象探测(WX)画面

图 1-17　气象探测工作方式

第四节　基本体制

机载雷达体制的具体选择取决于雷达的使用要求。由于现代高性能作战飞机的全高度、全波形、全方位、全天候的特性，单一体制的雷达是不能满足要求的，机载雷达必须具备多种工作方式、多种功能和用途，因此，各型雷达往往兼容两种以上的体制。

一、普通脉冲体制

普通脉冲雷达，也叫非相参雷达，雷达发射脉冲间没有固定的相位关系。早期雷达一般都是采取这种制式，其优点是结构简单，成本低。例如，二代机上的测距雷达、火控雷达都属于普通脉冲体制雷达，如图 1-18 所示。

图 1-18　典型的普通脉冲雷达

普通脉冲雷达系统的基本组成如图 1-19 所示。

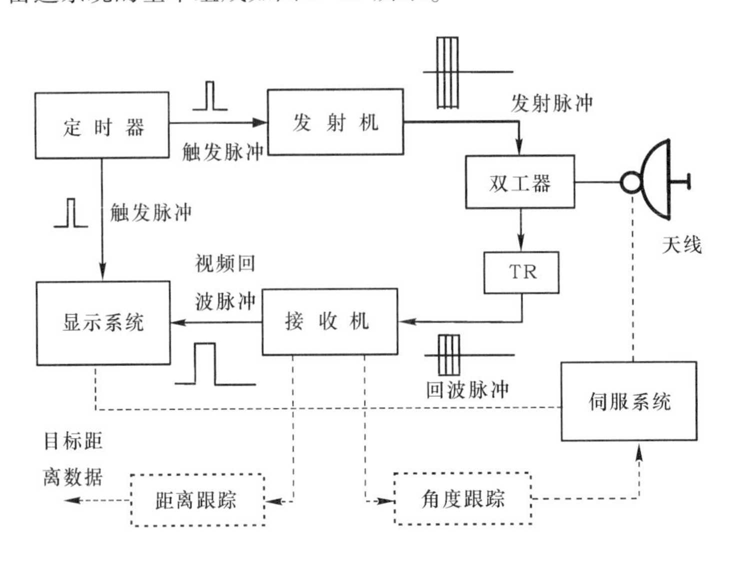

图 1-19　普通脉冲雷达的基本组成方框图

（一）定时器

定时器的作用相当于脉冲雷达的工作时钟，它产生一系列时间间隔相等的触发脉冲，送到发射机和显示器使它们同步工作。

（二）发射机

发射机在触发脉冲控制下产生大功率高频发射脉冲。各个发射脉冲的持续时间很短，而彼此之间的间歇时间很长，这是脉冲雷达的典型特点。

（三）微波馈电系统

图 1-19 方框图中的双工器和接收机保护装置（TR）就是馈电系统的两个器件。微波馈电系统的任务是：发射时将高频脉冲传送到天线；接收时将天线接收的回波信号传送到接收机。

脉冲雷达的天线是收、发共用的，因此高频传输系统中设置了收、发转换装置，即双工器。双工器又称为收发开关，它在发射期间将发射机与天线接通，断开接收机；其余时间则将天线与接收机接通，断开发射机。为了防止发射机的能量经双工器泄漏，同样防止特大反射能量进入接收机使接收机电路损坏，在双工器到接收机之间，还设置了接收机保护装置（TR）。

（四）天线

天线担负着辐射和接收无线电波的双重任务。发射脉冲信号由天线定向辐射出去，形成电磁波束。如果辐射方向没有目标，则无目标反射回波；有目标时，目标反射回波信号被天线接收。

（五）接收机

天线接收下来的目标回波信号是很微弱的，接收机的任务就是将微弱的回波脉冲信号加以放大，并变换成为视频回波脉冲信号，而后将其送往显示系统。

（六）显示系统

显示系统是雷达设备与操纵者之间的人机界面，即雷达将测定的目标位置信息通过显示系统告知操纵者。显示系统通常由显示器和控制电路组成，以在显示器屏幕上显示目标位置信息。雷达显示器的类型较多，使用最广泛的雷达显示器是平面位置显示器。

平面位置显示器既可以用极坐标显示距离和方位，也可以用直角坐标来显示距离和方位。极坐标平面位置显示器称为 P 显型平面位置显示器（P 显）；直角坐标平面位置显示器称为 B 显型平面位置显示器（B 显），它以横坐标表示方位，纵坐标表示距离。P 显和 B 显的显示画面分别如图 1-20（a）、图 1-20（b）所示。

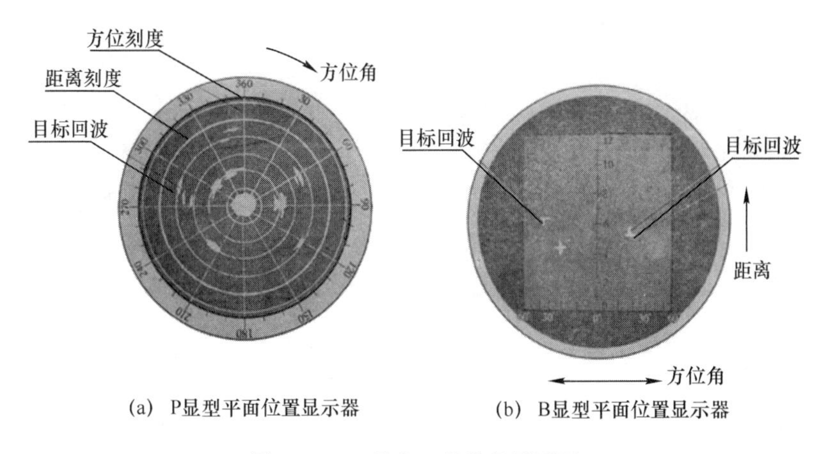

(a) P显型平面位置显示器　　(b) B显型平面位置显示器

图 1-20　P 显和 B 显的显示画面

图 1-20（a）所示的 P 显型平面位置显示器提供了 360°范围内全部平面信息，所以也叫全景显示器或环视显示器。P 显在必要时可以移动原点，使其远离平面中心，以便在给定方向上得到最大的扩展扫描，这种显示器叫偏心 PPI 显示器；也可以只显示一定的极坐标角度范围内的目标。

图 1-20（b）所示的 B 显型平面位置显示器的方位角通常不是取 360°全部角度范围，而是取其中的某一段，即雷达监视的一个较小的范围。

（七）伺服系统

伺服系统用来控制天线转动，使天线辐射的波束按一定的规律在空间移动，以搜索或跟踪目标，并且不断地把天线所指向的方位角和俯仰角度数据送到显示器和其他系统，以便在测定目标距离的同时，测定目标的方位角和俯仰角。

以上是普通脉冲雷达的基本组成和概略原理，实际雷达要复杂得多，如目标距离的精确测定系统（距离跟踪）、目标角度位置跟踪系统（角度跟踪）等都是雷达的组成部分。

普通脉冲体制雷达在时域上检测目标，具体方法是：①当回波脉冲信号大于检测门限时，则认为有目标存在；②测量该回波脉冲相对于发射脉冲的延迟时间，得到目标距离。由于普通脉冲体制雷达是检波后在时域上检测目标的，因此，雷达波束照射到地面时，强地面杂波将会淹没目标回波，雷达就会丧失检测能力。所以普通脉冲雷达没有下视能力、探测性能差。

随着脉冲多普勒雷达的出现，下视问题就迎刃而解。

二、脉冲多普勒体制

脉冲多普勒（PD）体制是现代机载雷达最基本的体制和技术，PD 雷达是一种利用多普勒效应检测目标信息的脉冲雷达。

目前世界第三代作战飞机大都装备脉冲多普勒火控雷达。例如，装备于 F-15C 上的 AN/APG-63 雷达、“幻影” -2000 上的 RDY 雷达以及 F-18C/D 上的 AN/APG-65 雷达都是脉冲多普勒体制的雷达，如图 1-21 所示。目前，PD 雷达已经广泛应用在机载预警雷达、机载和地面火力控制雷达、超视距雷达和气象雷达之中。如预警机上的相控阵雷达，三代机上的机载火控雷达等。

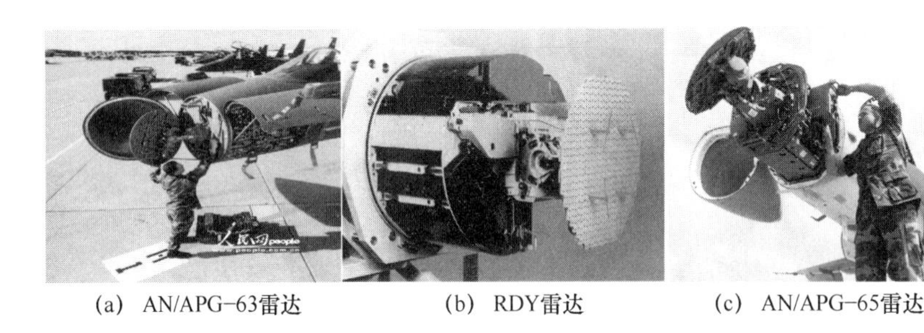

(a) AN/APG-63雷达　(b) RDY雷达　(c) AN/APG-65雷达

图 1-21　国外典型的机载脉冲多普勒雷达

脉冲多普勒雷达体制的研究是从有针对性地解决机载雷达的下视问题开始的。与普通脉冲雷达在时域检测目标不同，脉冲多普勒雷达是在频域检测目标的，利用目标回波的多普勒频移来区分目标和杂波。

由于 PD 雷达是利用目标回波的多普勒频率来区分目标和杂波，因此，对目标回波信号的检测是在频域中进行的。通过图 1-22 可了解脉冲多普勒雷达的基本组成。

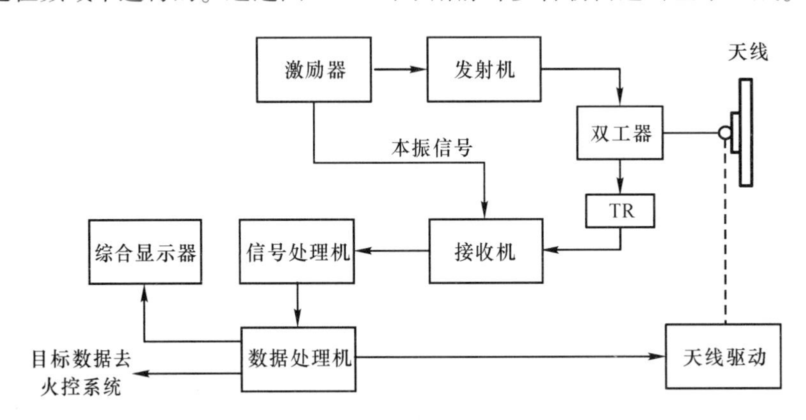

图 1-22　多功能脉冲多普勒雷达的基本组成原理框图

(一) 激励器

激励器产生一个具有高频率稳定度的低功率微波信号送往发射机。同时，激励器还提供与发射信号频率相参的本振信号加到接收机，从而保证接收机不会丢失目标回波的多普勒频率信息。

（二）发射机

发射机中的一个关键器件叫栅控行波管，该器件作为功率放大器，对激励器送来的小信号进行功率放大。调制脉冲加到行波管的控制栅极，以使管子“通”或“断”，从而使行波管输出或不输出射频脉冲。

由于发射脉冲基本上是从连续波上“切”出来的，因此相邻射频脉冲之间是相参的，这样雷达就能够测量出目标回波的多普勒频移。

（三）天 线

脉冲多普勒雷达的天线是一种平板阵列天线，它是在光滑表面上分布着许多辐射元的阵列，辐射元是开在形成天线表面的组合波导壁上的一系列小槽。

尽管平面阵列要比反射面天线贵得多，但可以通过设计其馈源控制阵列上辐射功率的分布，从而使副瓣最低，增益变高。这对检测运动目标的回波信号是很重要的。

（四）接收机

接收机的任务同样是将微弱的回波脉冲信号加以放大，并变换成为视频回波脉冲信号；与普通脉冲雷达不同的是，脉冲多普勒雷达的接收机要将每个发射周期接收的回波信号按距离单元的先后顺序进行模数（A/D）转换，将各个距离单元回波信号的幅度数字化，然后输送到信号处理机。

（五）信号处理机

信号处理机把从 A/D 转换器输入的各距离单元的数字化回波数据进行处理，并通过多普勒频谱分析对各距离单元回波进行频域检测，当目标被检测出来时，即可确定目标的视在距离和多普勒频率。

检测出来的目标位置数据送到数据处理机，进行进一步的处理。

（六）数据处理机

雷达数据处理机主要用来实施雷达控制和检测目标数据处理。

检测目标的数据处理包括两个方面，一是对信号处理机检测出来的目标位置数据进行解模糊处理，得到目标的真实距离和多普勒频率（相对速度）；然后与该目标对应的角度数据组合在一起，构成该目标的全部位置数据，并变换成在综合显示器所需的格式加到综合显示器显示。二是在雷达处于跟踪工作状态时，完成相应的目标跟踪数据（距离、速度、天线角度）处理。

另外，雷达数据处理机还负责与外部系统之间的信息与数据交换，控制雷达的工作模式，实施雷达整机系统的性能监测及自检（BIT），在操作性和维修性上使脉冲多普勒雷达有大幅度的性能提升。

（七）综合显示器

随着电视扫描技术和数字技术的发展，雷达显示器出现了多功能的光栅扫描雷达显示器。数字式的光栅扫描雷达显示器与雷达中心计算机和显示处理专用计算机构成一体，具有高亮度、高分辨率、多功能、多显示格式和实时显示等突出优点，既能显示目标回波的二次信息，也能显示各种二次信息以及背景地图。

由于采用了数字式扫描变换技术，通过对图像存储器的控制，可以实现多种格式的显示画面，包括正常 PPI 型、偏心 PPI 型、B 型等。

图 1-23 所示为典型的机载雷达综合显示器地图测绘方式（MAP）的显示画面。

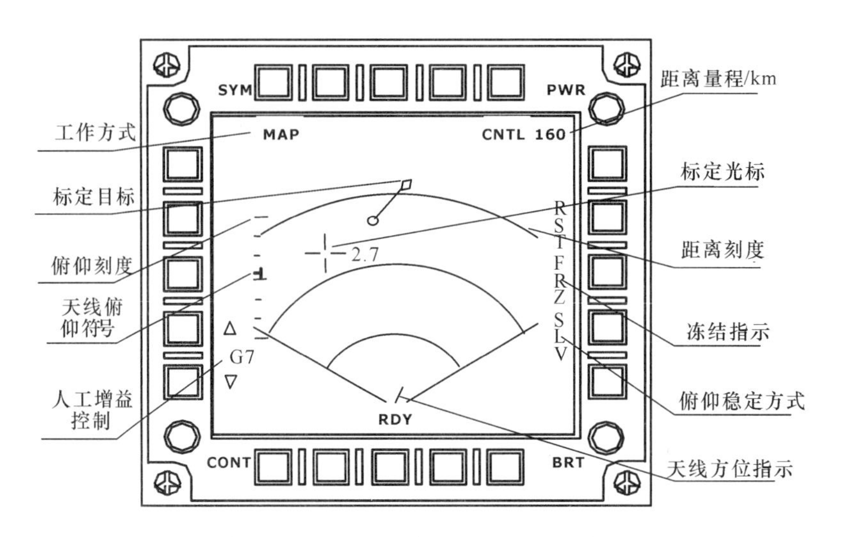

图 1-23 典型的机载雷达综合显示器 MAP 状态的显示画面

近年来随着平板固态显示器件的发展，如液晶显示器、等离子体显示器、场致发光显示器等，逐渐取代 CRT 显示器成为雷达显示器件。特别是液晶显示器，由于体积小、重量轻、功耗低且可靠性高等特点，已逐渐成为机载雷达的主流显示器。

三、相控阵体制

相控阵体制也是现代机载雷达的一个基本体制和技术。相控阵雷达是一种电控阵列雷达，以电子的方式控制阵列天线上每一个辐射单元的相位（移相），从而改变天线波束的指向，因此又称为电子扫描雷达。相控阵雷达与其他雷达相比，主要特点或差异源于相控阵天线。

相控阵雷达分为有源相控阵（AESA）和无源相控阵（PESA）两种类型。从总体上看，有源相控阵更为优越，但造价太高，而无源相控阵成本相对低廉。实际应用时，可根据不同的要求进行选择。例如，法国 Rafale（阵风）战斗机上的 RBE-2 雷达为无源相控阵雷达，而 F-22 战斗机上的 AN/APG-77 雷达则为有源相控阵雷达，如图 1-24 所示。

相控阵雷达的优点突出，但技术难度也大。相控阵天线上密布数百到数千个发射/接收（T/R）组件，每个 T/R 组件要在很小的体积里实现一定功率射频信号的放大、发射、接收和移相，难度很大。因此，相控阵机载火控雷达的研制难度比较大，并且研制成本很高。

机载有源相控阵雷达的最大难点在 T/R 组件的制造和成本上。但有一种简化的解决方法，就是用一个或几个集中的发射机代替小阵元的发射单元，这就是无源相控阵雷达。虽然无源相控阵雷达在系统功率、效率和可靠性方面不如有源相控阵雷达，但是它仍然具有了上述相控阵雷达基本的主要优点，并且避免了有源相控阵雷达研制难度很大、成本非常高的问题。因此，在国家微电子技术水平尚不足以满足需要、经济能力尚不够强大的时候，机载无源相控阵雷达是一个比较好的选择。

(a) RBE-2无源相控阵雷达

(b) AN/APG-77有源相控阵雷达

图 1-24　国外典型的机载相控阵雷达

四、连续波体制

与脉冲体制雷达不同的是，连续波体制雷达发射的是连续波信号，其发射天线和接收天线通常是分开的，如图 1-25 所示。

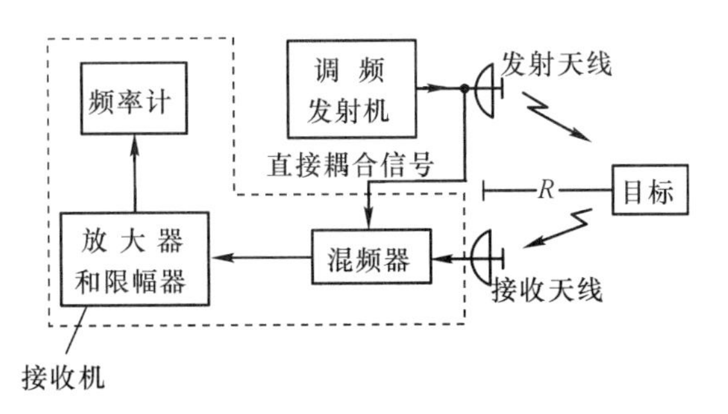

图 1-25　连续波体制雷达组成方框图

连续波雷达具有测量目标相对运动速度的能力，并且不论目标的速度多大、距离多远，都能进行处理。若采用某种调制或者编码，它还能测量距离。

在机载应用方面，连续波体制常用于飞机的无线电雷达高度表等，在飞机低空飞行时，用来精确测量载机的飞行高度。此外，调制连续波信号还应用于半主动雷达制导的导弹照射。

五、合成孔径体制

合成孔径雷达（SAR）体制和技术主要应用于提高雷达地图的分辨率。采用合成孔径技术可以改善雷达的方位分辨能力。

雷达的方位分辨能力与天线方位波束宽度有关。如果要获得高的方位分辨能力就必须加大天线的孔径（方位向的尺寸）。对于机载雷达而言，由于机上空间的限制，这一点很难满足。合成孔径雷达的基本原理就是，采用信号处理的方法产生一个等效的大孔径天线，从而获得很高的方位分辨率。雷达合成孔径成像如图 1-26。

(a) 雷达图像

(b) 光学图像

图 1-26　Albuquerque 国际机场雷达图像和光学图像对比

雷达载机在运动时，天线沿一条直线依次在若干个位置平移，并且在每一个位置发射一个信号，然后接收并存储每一个位置相应回波信号的幅度和相位。这些存储的信号和实际线性阵列天线的每一个单元所接收到的信号非常相似，因此，对存储的信号采用与实际线性阵列天线相同的处理，就能获得大天线孔径的效果。这种技术称为合成孔径。近年来，机载合成孔径雷达技术发展很快，其分辨率已经达到分米级甚至厘米级。

第五节　主要指标

雷达的主要指标即雷达的主要参数。一般分为技术指标和战术指标两大类。雷达技术指标是指描述雷达技术性能的量化指标。雷达的战术指标是指雷达完成作战战术任务所具备的功能和性能。雷达的战术指标是设计雷达的依据。反过来，雷达的技术指标又决定了雷达的战术性能。

一、主要技术指标

雷达的主要技术指标用来衡量雷达的主要技术性能，按照雷达的分机或单元构成，主要有下列一些主要技术指标。

雷达工作频率：雷达工作频率是指其发射无线电信号的频率。例如，对于波长为 3cm 的火控雷达，其信号频率为 10GHz。机载火控雷达大多属于厘米波雷达，这也就意味着其频率通常为 GHz 数量级。

脉冲信号参数：脉冲信号参数包括发射脉冲宽度、发射脉冲重复周期、发射脉冲重复频率。

雷达发射脉冲功率：雷达发射脉冲功率是指脉冲雷达信号的峰值功率。

雷达天线参数：包括天线的形式（抛物面、平板、阵列天线等）、反射面/阵面尺寸、主波束增益、第一副瓣电平、平均副瓣电平、天线波束形状、主波束宽度、天线扫描方式、天线扫描周期等。

接收机参数：包括接收机的灵敏度、噪声系数、接收机动态范围、通道数、通道间的幅相一致性等。

雷达抗干扰技术：包括天线副瓣电平、波束频率捷变、脉冲串频率捷变、脉冲频率捷变、频率分集、脉冲压缩、脉冲重复频率参差、随机跳动、脉内捷变频、对数中放、近程增益控制、恒虚警处理、抗拖/反宽电路、慢动杂波/固定杂波抑制、副瓣对消/副瓣消隐/自适应副瓣对消、杂波源跟踪等。

其他技术指标还包括目标参数的录取方式与能力、雷达显示器尺寸及显示能力、模块化/标准化/系列化设计、故障检测/隔离能力、功耗、工作环境要求等。

二、主要战术指标

雷达的主要战术指标主要包括以下几个方面。

（1）雷达的工作方式：机载雷达完成的功能大体上可分为空-空探测及多目标能力、空-面（对地、对海）功能、气象探测、辅助导航（信标、防撞）等。

（2）探测空域：指雷达能够以一定的检测概率和虚警概率、一定的目标起伏模型和一定的目标雷达截面积探测到目标的空间。它是由雷达最大探测距离、最小探测距离、方位扫描角、俯仰扫描角所构成的空间。

（3）目标参数测量：目标参数包括目标距离、方位角、俯仰角（或高度）、速度、批次、机型和敌我识别等。精确地测量目标的空间坐标是雷达的主要任务。

（4）分辨力：雷达能分辨空间两个靠近目标的能力。这里面包括距离分辨力、角度分辨力（方位角/俯仰角）和速度分辨力几个指标。

距离分辨力指同一方向上，区分两个目标之间的最小距离。对于脉冲雷达来说，脉冲宽度越窄，距离分辨能力越高。

角度分辨力是指在同一距离上，能够区分在不同角度上比较靠近的两个目标之间的最小角度。一般的机载雷达天线主波束通常都是针状的，具有一定的指向性，其指向性越突出，主波束的宽度就越窄，雷达的角度分辨力也就越好。

速度分辨力是指能够区分两个不同运动速度目标的最小速度间隔。由于机载雷达通常是利用多普勒效应来测量目标速度的，因此，速度分辨力取决于雷达在频率域中检测多普勒频移的精度。

（5）目标参数测量精度：指雷达测量目标坐标参数的误差。它是对目标进行大量测量误差的统计平均值，常用均方根值来表示，目标参数测量精度包括距离测量精度、方位角测量精度、俯仰角测量精度和速度测量精度等。

（6）目标参数录取能力：雷达完成一次全空域探测扫描后，能够录取多少批目标参数的能力。

（7）雷达抗干扰能力：雷达在电子战环境中采取各种对抗措施后生存或自卫距离改善的能力。雷达抗干扰措施包括：波形设计、空间对抗、极化对抗、频域对抗、杂波抑制和战术配合等。

其他战术指标还包括可靠性、维修性、测试性、保障性指标等。

复习思考题:

1. 雷达目标回波包含目标的哪些信息?
2. 雷达如何测量目标的距离?
3. 雷达如何测量目标相对载机的方向角?
4. 雷达如何测量目标的相对速度?
5. 简述 PD 雷达的组成及基本工作原理。
6. 机载雷达的主要工作方式有哪些?
7. 机载火控雷达有哪些工作体制? 不同体制各有何特点?

第二章　天线馈电技术

本章提示：本章主要介绍了天线馈电网络的主要功能和组成，天线扫描技术、典型的馈电部件以及几种常见的机载雷达天线。通过阅读，读者应对机载雷达天线有全面的认识，掌握微波馈电网络各部件的基本功能，并理解衡量天线性能的主要技术指标。

天线是用来辐射和接收电磁波的装置。向空间发射电磁波的装置，称为发射天线；接收空间传来的电磁波的装置，称为接收天线。机载雷达天线通常采用收发共用天线。天线馈电系统是雷达装备中至关重要的一部分，是雷达与外界环境进行电磁交互的首要环节。因此，天线馈电系统性能的好坏直接影响雷达的性能。

第一节　天线的方向性

雷达天线把辐射出去的能量集中在某一个需要的方向上的能力，称为天线的方向性。它几乎是每部机载雷达的一个关键特性。天线的方向性越强，能量的辐射越集中，在一定的条件下，雷达的探测距离越远，测向的精确度越高，分辨目标角度位置的能力也就越强。

天线的方向性，通常用天线方向图、波瓣宽度、增益来表示。

天线的方向图是表示离开天线等距离而不同方向的空间各点辐射场强的变化图形。图2-1所示为雷达天线针状波束辐射强度的立体示意图，称为立体方向图。从图中可以看出针状波束天线几乎在每个方向上都要辐射一些能量，但绝大部分能量都集中在围绕天线的轴线的一个大致为锥状的区域内，这个区域称为主瓣；除主瓣外其他方向上的一系列比较弱的瓣，称为副瓣。

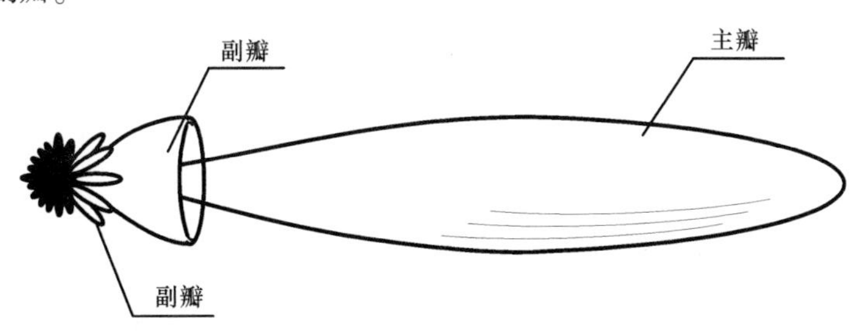

图2-1　针状波束天线辐射强度的立体示意图

将立体方向图在水平面和垂直面切开，又可以得到水平方向图和垂直方向图，如图 2-2 所示。

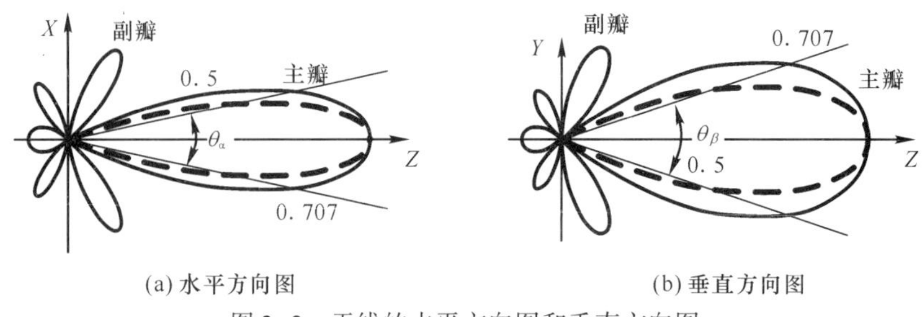

(a) 水平方向图　　(b) 垂直方向图

图 2-2　天线的水平方向图和垂直方向图

具体地说，通过最大辐射方向并同地面平行的平面上的方向图，称为水平方向图，如图 2-2（a）所示。通过最大辐射方向并同地面垂直的平面上的方向图，称为垂直方向图，如图 2-2（b）所示。图中实线表示场强，虚线表示功率密度（即垂直通过单位面积的电磁波功率）。由于功率密度和场强的平方成正比，因而功率密度的方向图要窄一些。

在方向图上一般不标场强（功率密度）的具体数值，而标以各方向场强同最大辐射方向场强的比值（即相对场强），这样的方向图又叫相对方向图。最大辐射方向的相对场强为 1，其他方向的相对场强小于 1，如某个方向的相对场强为 0.707，说明该方向的场强为最大辐射方向场强的 0.707 倍，即为半功率点。

主瓣上能量集中的程度用波瓣宽度 θ 来表示，它是指主瓣两个半功率点方向之间的夹角，也就是相对场强等于 0.707 的两方向之间的夹角。波瓣宽度越小，天线的方向性越好。图 2-2 中 θ_α 表示水平波瓣宽度，θ_β 表示垂直波瓣宽度。

雷达在方位和俯仰角度上分辨目标的能力主要由方位和俯仰角上的波瓣宽度来决定。如图 2-3（a）所示，两个目标 A 和 B 几乎位于相同的距离上，目标间隔比波瓣宽度稍大一些，当雷达扫过它们时，先收到目标 A 的回波，然后再收到 B 的回波。因此两个目标很容易分辨。同样两个目标，如果其间隔小于波瓣宽度，如图 2-3（b）所示，当雷达扫过它们时，雷达仍然是先收到 A 的回波。但在其停止收到 A 的回波之前，就开始收到目标 B 的回波，因此，两个目标的回波混在一起，无法分辨。所以，波瓣宽度越小，雷达角度分辨能力越强，波瓣宽度越宽，雷达的角度分辨能力越弱。

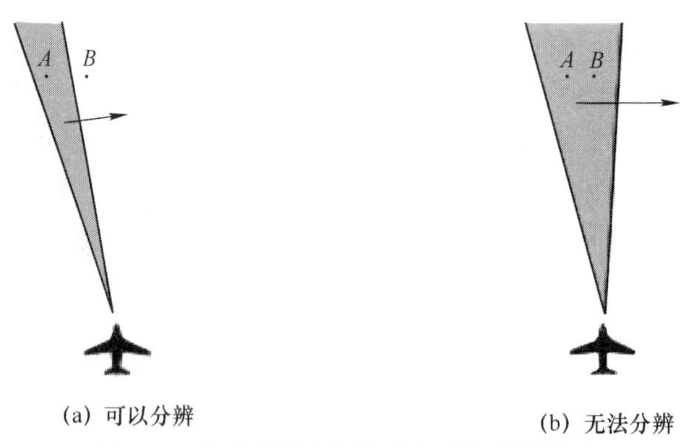

(a) 可以分辨　　(b) 无法分辨

图 2-3　角度分辨力与波瓣宽度之间的关系

雷达天线的波瓣宽度 θ 角度的大小，主要由天线面的尺寸（天线口径）确定。尺寸相对于波长越大，通过该尺寸所处的平面内的波束越窄。

天线的方向性，有时也用天线增益 G 的大小来表示。天线增益是指：在辐射功率相等的条件下，定向天线和理想全向天线（在空间各方向的辐射强度都相等的天线，其方向图为一个球体）在空间同一点所产生的功率密度之比。

天线增益是天线所指向方向上辐射能量集中程度的度量参数。主瓣越窄，天线增益越大，方向性就越好。

第二节　天线的扫描方式

在雷达装备中，为了对某空域中的目标进行搜索、定位和跟踪，常常需要使天线波束在方位和俯仰上进行扫描。凡能使辐射的波束扫描的天线统称为扫描天线。

机载雷达常用天线的扫描方式分为机械扫描和电扫描两种，下面分别对这两种扫描方式加以阐述。

一、机械扫描

利用整个天线系统或其一部分的机械运动来实现波束扫描的称为机械扫描。机械扫描天线的核心部件是天线的伺服系统。雷达天线伺服驱动系统用来控制天线在方位和俯仰角度上的转动，以满足雷达搜索和跟踪目标的需要。

雷达天线伺服驱动系统有机电伺服驱动和电液伺服驱动两种类型。机电伺服驱动是指驱动器件采用电动机的系统，电液伺服驱动是指驱动采用液压器件的系统。

机械扫描的优点是简单。其主要缺点是机械运动惯性大，扫描速度不高。对于快速目标、洲际导弹、人造卫星等目标，要求雷达采用具有高增益的极窄波束，因此天线口径往往做得非常大，再加上常要求波束扫描的速度很高，用机械办法实现波束扫描无法满足要求，必须采用电扫描天线。

二、电扫描

电扫描天线在20世纪50年代就在地面雷达上得到应用。但是由于其复杂性和高成本的限制，电扫描天线在机载雷达中代替机械扫描天线的步伐比较缓慢。

电扫描天线，在两个基本方面不同于机械扫描天线：一是安装在飞机框架上某一固定位置，天线各部件均不需要机械运动；二是通过控制每个辐射单元辐射的电磁波相位而实现波束的扫描。如图2-4所示，图中 θ 为波束指向与天线法线方向之间的夹角。

因电扫描天线无机械惯性限制，其波束扫描要比机械扫描天线敏捷得多，扫描速度可大大提高，波束控制迅速灵便。如图2-5所示，电扫描波束可以在不到1ms的时间内定位于扫描区域内的任何一处，可以对检测到的目标瞬时进行跟踪。电扫描天线的主要缺点是扫描过程中波束宽度将会展宽，扫描的角度范围也有一定限制。另外，天线系统一般都比较复杂。

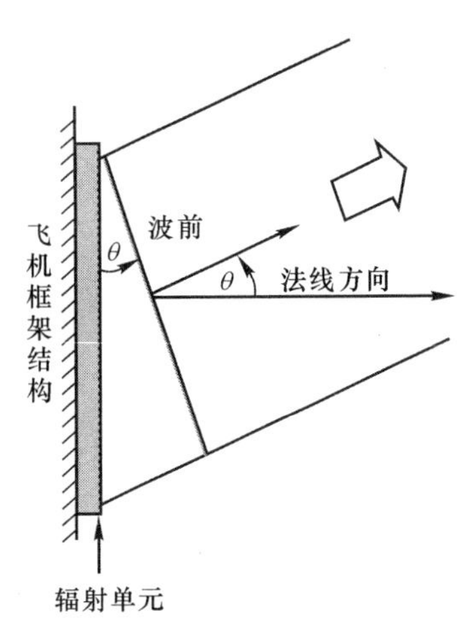

图 2-4　电扫描天线与机械扫描天线的区别

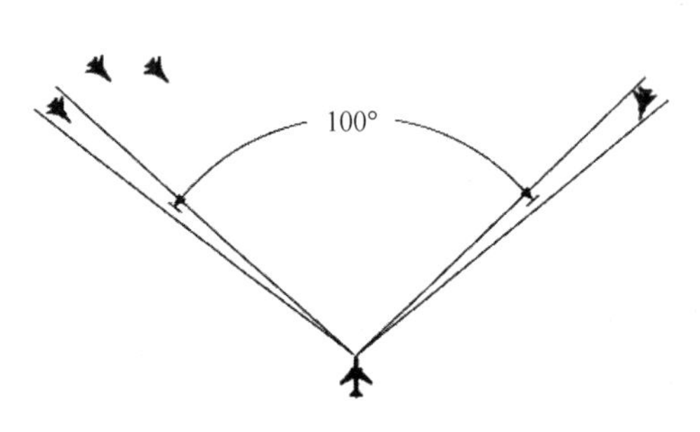

图 2-5　电扫描示意图

电扫描又可分为相位扫描法、频率扫描法、时间延迟法等。下面以图 2-6 为例来说明相位扫描的原理。

为了说明相位扫描原理，假设 N 个带有移相器的相同单元的线性阵列的扫描情况，相邻单元间隔为 d，与直线阵相垂直的方向为天线阵的法线方向，如图 2-6 所示。为便于分析，设各单元移相器输入端信号的相位和幅度均相同，且馈电相位为零。各个移相器能够对馈入信号产生 $0\sim2\pi$ 的相移量，按单元序号的增加其相移量依次为 φ_1、φ_2、φ_3、…、φ_{N-1}、φ_N。

当目标处于天线阵法线方向时，要求天线波束指向目标，即波束峰值对准目标，如图 2-6（a）所示。只要各单元辐射相位相同的电磁波，则波束指向天线阵的法线方向。如果对天线阵中各个移相器输入端同相馈电，那么，各个移相器必须对馈入射频信号移相相同数值（或均不移相），才能保证各单元同相辐射电磁波，从而使天线波束指向天线阵的法线方向。换句话说，各个移相器的相移量，应当使相邻单元间的相位差均为零，天线波束峰值才能对准天线阵的法线方向。

在目标位于偏离法线方向一个角度 θ_0 时，若仍要求天线波束指向目标，则波束扫描角（波束指向与法线方向间的夹角）也应为 θ_0，如图 2-6（b）所示。倘若波束指向与电磁波等相位面垂直，即波束扫描一个 θ_0 角度，则电磁波等相位面也将随之倾斜，见图 2-6

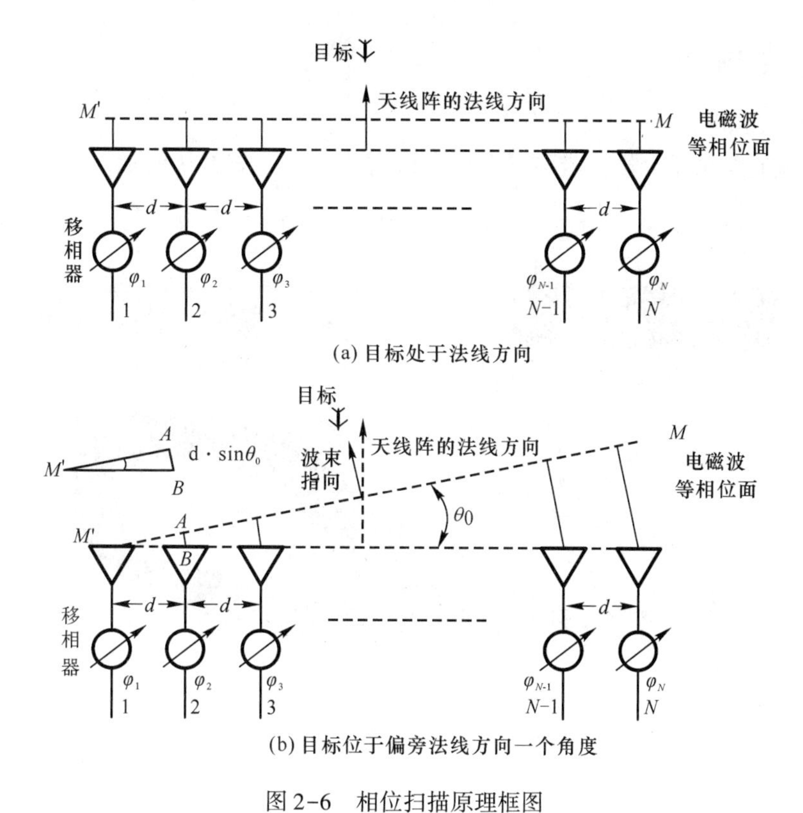

图 2-6　相位扫描原理框图

(b) 中 $M'M$ 方向，它与线阵的夹角也为 θ_0。这时，各单元就不应该是同相辐射电磁波，而需要通过各自的移相器，对馈入射频信号的相位进行必要的调整。

θ_0 与 φ 的定量关系为

$$\theta_0 = \arcsin\left(\frac{\lambda\varphi}{2\pi d}\right) \tag{2-1}$$

式（2-1）表明，在雷达波长 λ 与阵元间距 d 一定的情况下，波束指向角 θ_0 随 φ 而变化。只要控制移相器使各单元间产生相同的相移增量，并且其大小和正负又是可变的，则波束就可以在范围内扫描。简单来说，控制移相器对馈入射频信号产生的相移，即可改变天线波束的指向，达到扫描的目的。这就是电扫描的基本原理。

第三节　馈电网络

无论是机械扫描天线，还是电扫描天线，馈电网络的功能都是完成发射信号的分配与接收信号的合成，即向辐射单元馈送需要的激励信号，同时接收辐射单元送来的信号，并用和-差比较器形成标准的接收和波束、方位差波束及俯仰差波束。馈电网络主要包括微波传输装置、收发转换开关以及一些微波馈电器件。

一、微波传输装置

（一）同轴线与波导

微波馈电通常采用同轴线或波导来传输微波信号，如图 2-7 所示。

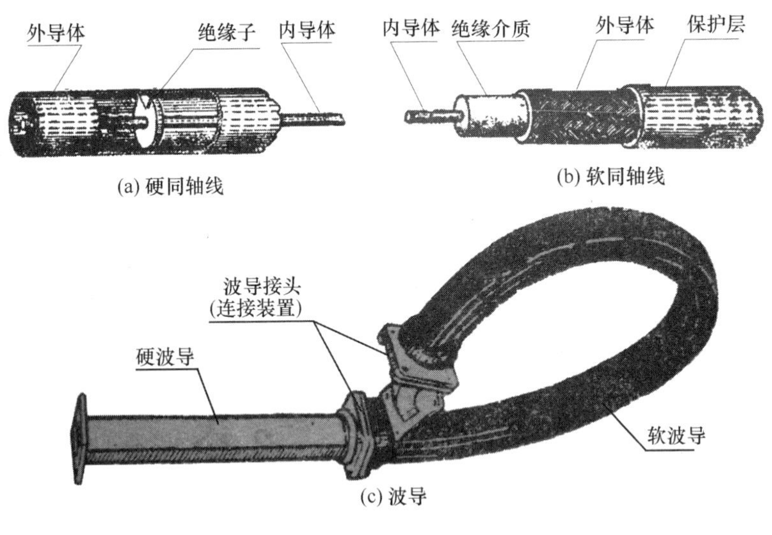

图 2-7 同轴线与波导

同轴线有软、硬两种。软同轴线介质损耗较大，但便于弯曲和敷设，辐射损耗和干扰小；硬同轴线比软同轴线结构笨重，装配比较复杂，但介质损耗小，一般表面涂银，电阻损耗也较小。同样，波导也有软、硬之分。使用软波导是为了便于弯曲和敷设。

在微波馈电传输系统中，各段传输线或波导的连接、能量到不同支路的分配等，都要用到连接装置。

（二）波导接头

1. 转动接头

用来连接两段矩形波导的阻流式转动接头（转动交联器），如图 2-8 所示。其中上、下是矩形波导，上、下矩形波导之间是圆形波导。圆形波导中段用阻流式转动接头，保证了波导的转动部分和固定部分电气上的良好接触。例如，机械扫描天线上的方位和俯仰旋转关节就是一种波导转动接头。

2. T 形接头

T 形接头和双 T 接头主要的用途是将微波能量分配到不同的波导支路。T 形接头是由两段垂直连接的波导构成的，有 E 形和 H 形之分。如果在矩形波导的宽壁上接一段尺寸相同的波导，那就成为 T 形的 E 形接头，简称 E-T，如图 2-9（a）所示。如果在矩形波导的窄壁上接一段尺寸相同的波导，则成为 H 形的 T 形接头，简称 H-T，如图 2-9（b）所示。在 T 形接头宽壁上的波导称为 E 臂，窄壁上的波导称为 H 臂，在 E 臂或 H 臂两侧的波导称为旁臂。

T 形接头一个重要的特性是：当其两旁臂都接有匹配负载时，从 E 臂或 H 臂输入的高频能量就平均分配到两旁臂中。

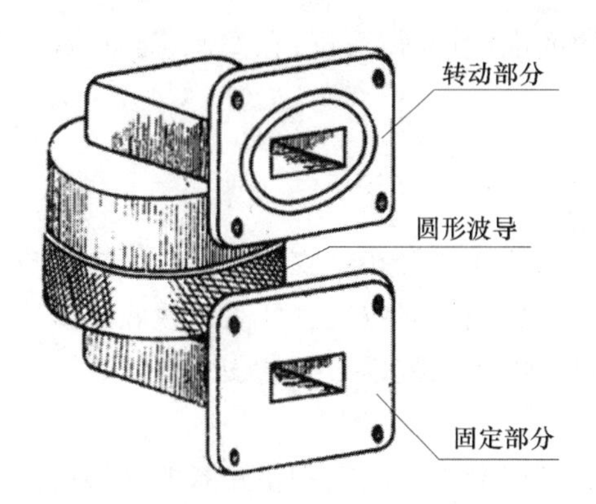

图 2-8　矩形波导阻流式转动接头

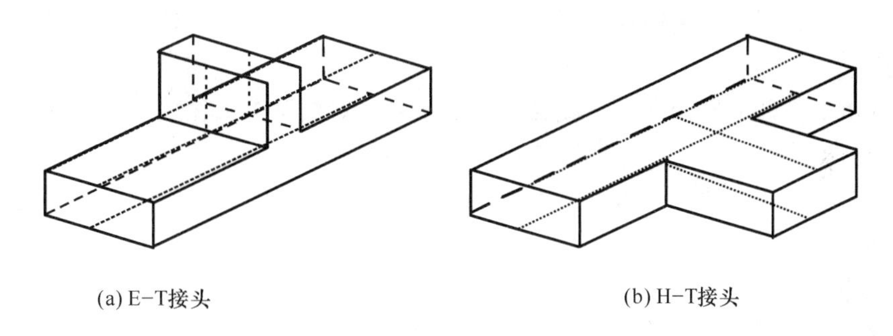

(a) E-T接头　　(b) H-T接头

图 2-9　E 形和 H 形的 T 形接头

3. 双 T 接头

在矩形波导的宽壁和窄壁分别接上 E 臂和 H 臂，就成为双 T 接头，如图 2-10 所示。双 T 接头相当于由 E-T 接头和 H-T 接头组合而成，它的特性是：从任一臂输入的微波能量，在其他各臂都是匹配的条件下，只能平均地耦合到相邻的两臂中，而不能耦合到相对的臂中；从相对的两个臂中同时输入微波能量，其余两臂中输出的场强，一臂为两输入臂场强之和，另一臂则为两输入臂场强之差。

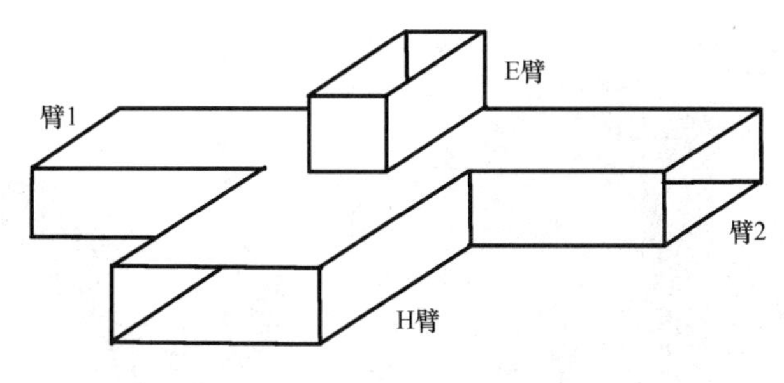

图 2-10　双 T 接头

如果微波能量从 E 臂输入，则微波能量会被平均地耦合到左右两旁臂中，而且两旁臂中电场大小相等，方向相反。而在 H 臂，无能量输出。同理，微波能量从 H 臂输入时，只能平均地耦合到左右两旁臂，而不能耦合到 E 臂。在机载雷达中，一般采用多个双 T 接头，构成和差网络，对接收的回波信号，进行和差运算，形成和差波束，以便对目标进行精确跟踪。

二、收发开关

收发开关又叫双工器，它的作用是实施收发转换，使发射机输出的强大高频能量只送到天线，而不进入接收机，以免烧坏接收机；使天线接收的微弱反射回波信号能量只送到接收机，而不漏入到发射机，以免回波信号能量受到损失。

（一）收发开关器件

常用的收发开关装置，可以分为支路式和桥路式两种类型。下面主要介绍支路式收发开关。

支路式收发开关包括接收机开关和发射机开关两部分。前者用来阻止发射的微波能量进入接收机，后者用来阻止接收的反射回波微波能量漏入发射机。这两种开关都是由放电管和波导组成。

放电管也是一种波导器件，其波导内部安装有一对放电电极，其波导口用能传输电磁波的材料密封，内部充有易于电离的气体。当大功率微波信号输入时，内部气体电离相当于使放电管对输入的微波信号短路；而微弱的微波能量输入时，放电管不会发生电离，因而不影响其传输。

1. 放电管

放电管也是一种波导器件，其结构与外形如图 2-11（a）所示。从图中可以看出，在波导空腔内安装有两对放电电极（主电极）及一个辅助电极；波导空腔两端窗口用玻璃密封，其内部充有易电离的气体。

当发射脉冲加到放电管使其极间电压上升到着火电压时，极间的气体发生电离，放电管开始放电，发射的信号不会进入到接收机。发射脉冲结束以后，极间气体消电离，回波信号可以顺利通过进入到接收机。

2. 限幅器

接收机输入限幅器用来防止发射期间通过放电管的泄漏功率损坏接收机。限幅器外形如图 2-11（b）所示。

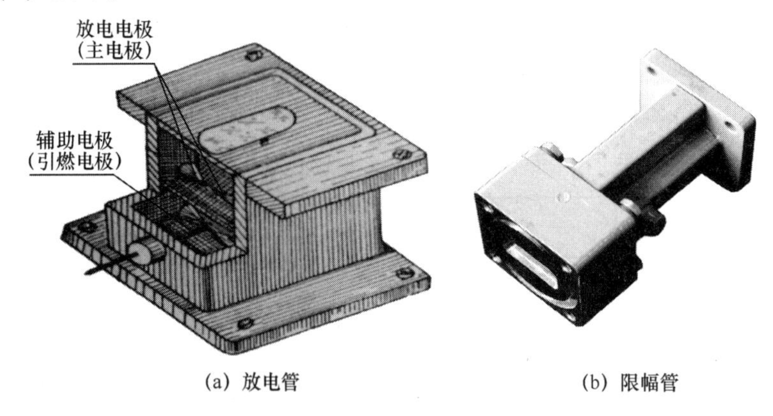

(a) 放电管　　(b) 限幅管

图 2-11　放电管与限幅器结构与外形

限幅器由放电管和半导体限幅器组成。当出现大功率发射信号时，放电管首先被击穿放电，信号全反射。当大功率信号结束后，放电管又恢复正常状态，从而起到保护接收机的作用。

（二）波导环行器

波导环行器也称为铁氧体环流器，由波导器件和铁氧体器件构成，它是一种单向传输微波器件，控制电磁波能量沿某一环行方向传输。利用环行器和限幅器也能起到收发转换作用。环行器有 4 个端口，如图 2-12 所示，端口 1 为发射端，端口 2 与天线相连，端口 3 为接收端，端口 4 为吸收负载端口。雷达发射时，发射信号经端口 1、2 送往天线辐射出去；接收时，回波信号由天线经环行器 2、3 端口进入到接收机。铁氧体是一种具有高导磁系数和高电阻系数的非金属材料。用作高频元件的铁氧体，对于高频电磁场具有磁共振特性和旋磁特性环行器就是利用铁氧体的旋磁特性来实现高频信号的单向传输的。

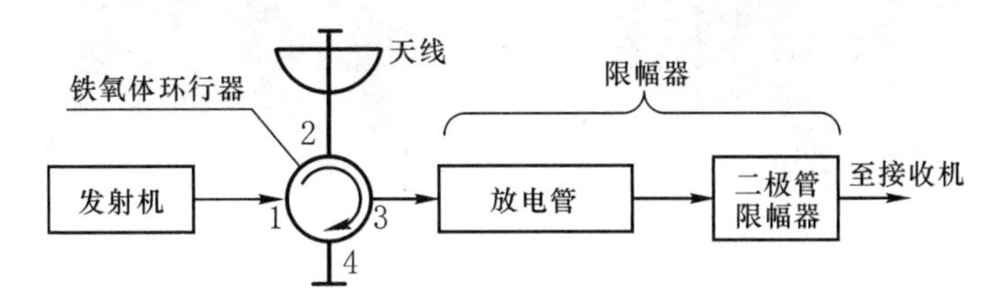

图 2-12　环行器和接收机保护器原理图

利用铁氧体环行器的环行特性代替收发开关，完成收、发转换的任务。为避免环行器的隔离度不够，造成发射时漏入高功率微波能量进入接收机，所以仍然需要加装接收保护放电管和限幅器，以便于在发射期间保护接收机。

由两个三端环行器串联可以组成四端环行器，从而实现了发射通道和接收通道之间的隔离。四端环行器如图 2-13 所示。

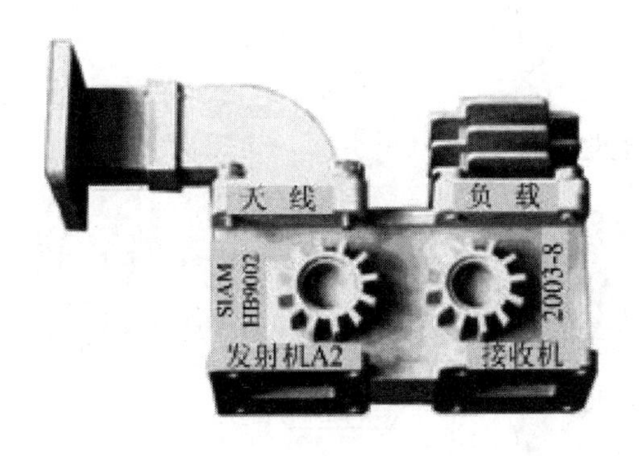

图 2-13　四端环行器实物图

三、其他微波馈电器件

（一）定向耦合器

定向耦合器是一种输出能量具有方向性的耦合装置。它接入微波馈电系统中，可以输出其中向某一方向传输的电磁波能量。定向耦合还具有衰减的特性，它只输出微波馈电系统中的一小部分能量。波导定向耦合器是由一段主波导和一段副波导组成，它们之间用小孔或缝隙实现能量耦合。可分为单孔、多孔和十字缝等类型。

十字缝定向耦合器的结构示意图如图 2-14 所示。它的副波导和主波导垂直相交，十字缝的中心位于两波导相交的正方形对角线上。一个十字缝可看作一个横缝和一个竖缝叠加而成，通过两个缝都有磁场耦合，它们在副波导中引起的场，在一个方向叠加，而在另一个方向则抵消，所以具有方向性。

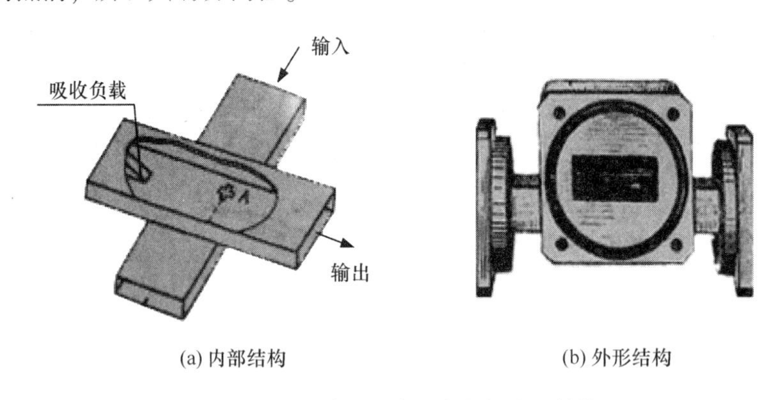

图 2-14　波导十字缝定向耦合器结构

在十字缝定向耦合器中，主波导内传输的微波能量，总是穿过十字缝所在的对角线耦合到副波导内。根据这一点，就能判定副波导的哪一端有微波能量输出，哪一端没有输出。在使用中应注意定向耦合器的安装方向。

双孔定向耦合器结构如图 2-15 所示，在主波导与副波导相邻的窄壁上开有同样大小的两个耦合圆孔，两孔相距四分之一波导波长。副波导左边装有吸收电阻片，右边装有耦合探针。

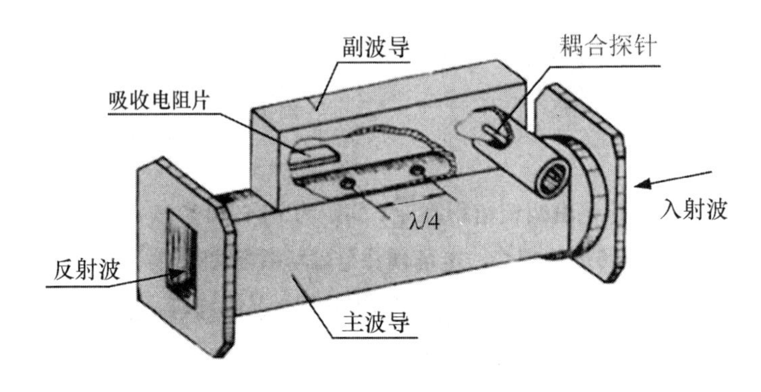

图 2-15　双孔定向耦合器结构

当入射波沿主波导向右传输时，有一小部分能量通过两个小孔耦合到副波导中。由于两个小孔都开在窄壁上，只有纵向磁场耦合，没有电场耦合和横向磁场耦合，所以就每个小孔而言，其耦合是没有方向性的，副波导内向小孔两侧传输的电磁波大小相等。但是将两个小孔的耦合作用综合起来考虑就有了方向性，这时副波导内向右传输的两路电磁波行程相等，同相加强，向左传输的两个电磁波行程相差半个波长，反相抵消。同理，当反射波沿主波导向左传输时，经两个小孔耦合到副波导的电磁波，将是左边同相加强，右边反相抵消。因此，双孔定向耦合器只有入射波才能从探针输出，反射波则被吸收电阻片吸收掉。

（二）功率分配器

功率分配器也称功分器，它的作用是把输入的微波功率（能量）按一定的比例分配给两个以上的负载。对功率分配器的要求：输出功率按一定的比例分配，各输入、输出口必须匹配，以及各输出口之间应相互隔离。前面介绍的定向耦合器也是一种功率分配器，比如 T 形接头是一种 1 : 1 的功率分配器。

（三）衰减器

衰减器是用来降低传输的微波功率，将功率降低至负载所需的电平，并可以减小负载与电源之间的耦合，从而减小负载变化对电源的影响。

衰减器有吸收式衰减器、截止式衰减器及全匹配负载等几种。吸收式衰减器是在同轴线或波导内装上吸收物质，使传送的能量受到衰减；截止式衰减器是利用一段截止波长远小于电磁波波长的波导，使电磁能被截止衰减；全匹配负载是馈电系统的终端装置，用来吸收沿线的全部能量而不产生反射，它与一般衰减器的不同之处在于没有输出端。

（四）移相器

移相器，就是一段能够改变电磁波相位的传输线或波导。用来改变传输的微波信号馈电相位，以适应微波馈电网络的需要，如为了使发射机有适当的负载，以保证振荡频率的稳定，有时在微波传输系统中附加移相器。移相器利用介质片改变波导中介电常数，从而改变电磁波的传播速度，达到移相的目的。图 2-16 为可调移相器的结构示意图。介质板在波导管内所处的位置不同时，对电波速度的影响也就不同。而电磁波传播速度的改变，可以相对地看成波导管长度的改变，即改变了电磁波的相位。

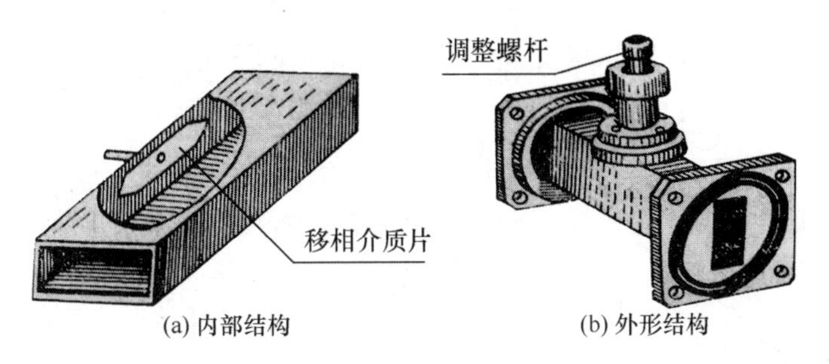

图 2-16 可调移相器结构示意图

对于相位电扫描天线，为了便于相位控制，通常采用数字式移相器。如果要构成 n 位数字移相器，可用 n 个相移数值不同的铁氧体移相器串联而成。每个子移相器应有相移和不相移两个状态，且前一个的相移量应为后一个的两倍。处在最小位的子相移器的相移量为 $\Delta\varphi=360°/(2n)$，故 n 位数字移相器可得到 $2n$ 个不同相移值。

如图 2-17 所示为 4 位数字式移相器，例如，控制信号为 1010，则四位数字移相器产生的总相移量为

$$\varphi = 1 \times 180° + 0 \times 90° + 1 \times 45° + 0 \times 22.5° = 225° \tag{2-2}$$

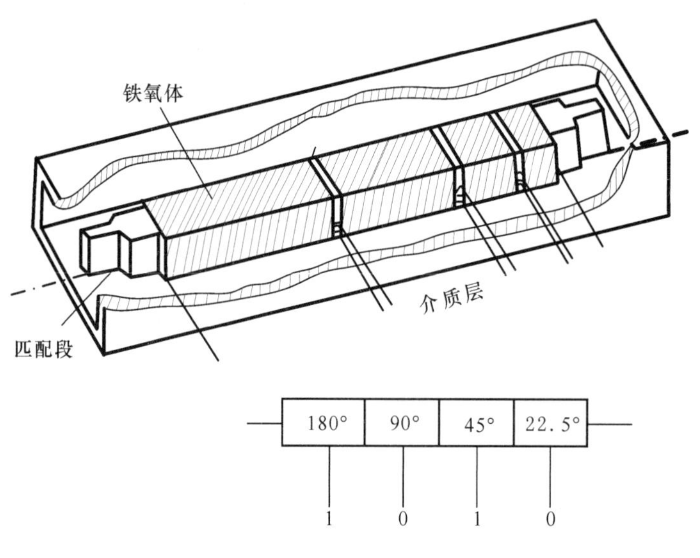

图 2-17　4 位数字式移相器

（五）微波滤波器

微波滤波器也是一种微波馈电器件，其基本用途是抑制无用频率的信号，而使有用频率的信号顺利传输。滤波器还能将接收到的信号按不同的频段分开，送入各自的通道，或者将来自通道的信号综合起来一起输送出去，而不互相干扰。

按滤波特性的不同，微波滤波器可分为低通、高通、带通和带阻滤波器，其原理这里不再介绍。

第四节　机载雷达常用天线

机载雷达装备的天线各式各样，按照体制的先进程度依次是喇叭天线、抛物面天线、缝隙天线和相控阵天线。

一、喇叭天线

喇叭天线是由一段均匀波导和另一段截面逐渐增大的渐变波导构成的，其形状主要有扇形、角锥形和圆锥形等，如图 2-18 所示。喇叭天线可以用同轴线馈电，也可以用波导直接馈电。

对于厘米波段的机载雷达，常用波导管来传输电磁能，如果波导的末端没有封闭，那么，电磁波就从波导管开口的一端向空间辐射。利用这种特性，可以做成雷达天线，这种天线称为波导口天线。波导口天线辐射电磁波的方向性不好，为了改善天线的方向性，常在波导口的末端加一渐变的金属喇叭口，这样就可使天线辐射面增大，方向性增强，而且可以改善波导与自由空间的匹配。

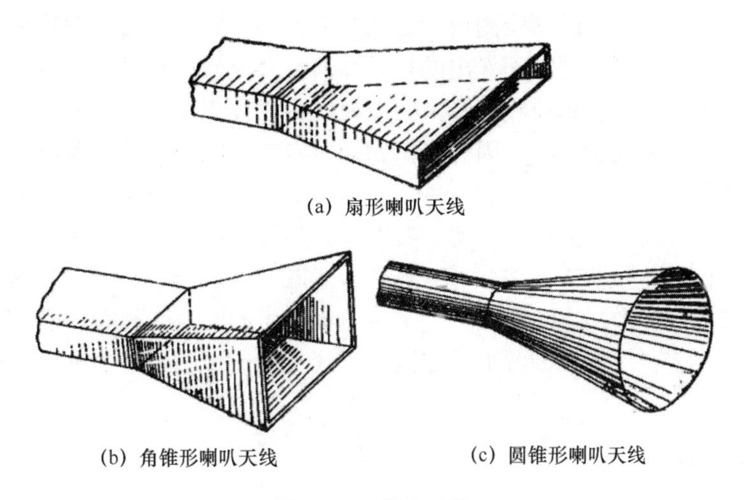

(a) 扇形喇叭天线

(b) 角锥形喇叭天线　　(c) 圆锥形喇叭天线

图 2-18　喇叭天线

喇叭天线是一种宽频带特性较好的定向天线。结构简单而牢固，损耗小，它在机载雷达、电子对抗和超高频测量中都有应用。另外，雷达目标模拟器等外场维护设备的辐射天线一般也为喇叭天线。

二、抛物面天线

抛物面天线是一种具有窄波瓣和高增益的微波天线。它在分米波波段中，特别是在厘米波波段中的应用极为广泛。

抛物面天线主要由辐射器和金属抛物面反射体（简称抛物面）两部分组成。辐射器用以向抛物面辐射电磁波；抛物面则使电磁波聚集成束，集中地将电磁波辐射到空间某一个方向。常用的抛物面有旋转抛物面和由旋转抛物面割截而成的矩形截抛物面，如图 2-19 所示。

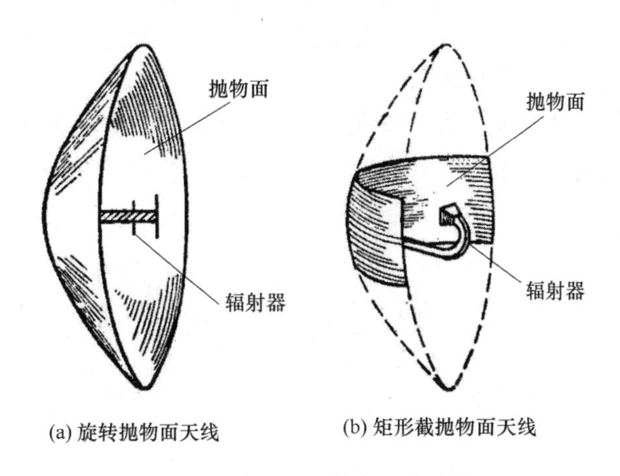

(a) 旋转抛物面天线　　(b) 矩形截抛物面天线

图 2-19　常用的抛物面天线形状

旋转抛物面是以抛物线围绕其轴线旋转一周而形成的曲面。所以抛物面的基本特性是以抛物线的几何性质为基础的。应用抛物面的几何特性，如果在旋转抛物面天线的焦点上放置一个辐射器，辐射器向抛物面发出的虽是球面波，但经抛物面反射后，在口径面上可以获得传播方向彼此平行、相位相同的平面波束。可以设想，口径面就是一个辐射面，所以抛物面天线也是一种面型天线。因此，抛物面具有较好的方向性。抛物面天线的辐射器常用喇叭口辐射器。

抛物面天线的方向性还与辐射器的位置有关。当辐射器在焦轴上离开焦点移动时，会产生与光学中相似的“散焦”现象，使天线的主波瓣变宽；当辐射器位置偏离焦轴时，一方面引起电磁波射线分散，主波瓣变宽，另一方面又引起天线的最大辐射方向发生偏转。

在实际应用中，可以增加馈源形成多波束天线，即通过适当增加硬件可以延伸天线波束的覆盖范围。

三、缝隙天线

缝隙天线是一种厘米波天线。这种天线结构简单，外形平整，很适合在高速飞机和导弹上应用，如图 2-20 所示。

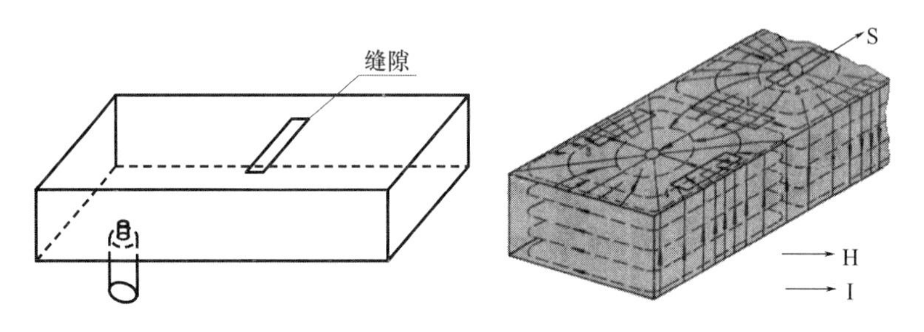

图 2-20　缝隙天线结构及其电流分布图

波导上缝槽的开设，必须切断管壁电流才能产生电磁波的辐射。没有开设缝槽时，电流只在壁内流动；当在管壁上开设缝槽时，还要视其位置是否恰当，如果缝槽垂直于最大管壁电流密度的方向，切断电流最大，缝槽辐射最强；如果缝槽与管壁电流方向相切，则缝槽不切断管壁电流，不能产生辐射。

单缝隙天线的方向性不强，为了增强方向性，可采用多缝隙天线阵，如图 2-21 所示。这样开槽，槽缝所截断的管壁电流其方向是相同的，相当于同相馈电的天线阵，因而主波瓣变窄，方向性增强。

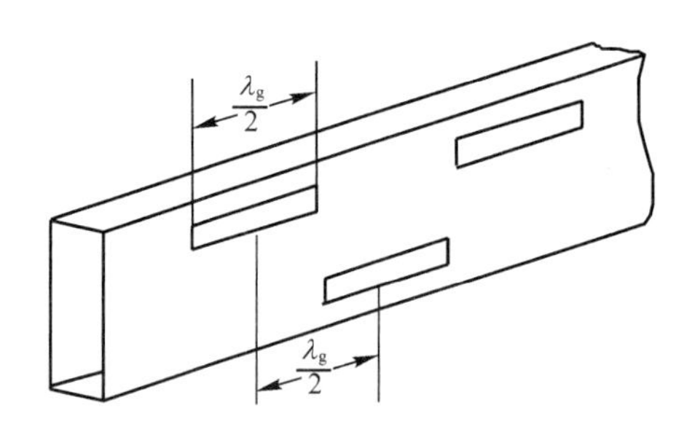

图 2-21　多缝隙天线阵

利用多根波导开设缝隙可以构成平面缝隙阵列天线。恰当设计缝隙的开设位置，可以使天线的副瓣很小，从而得到高增益低副瓣天线。PD 雷达就采用这种平面缝隙阵列天线。

图 2-22 所示为某直升机上的气象雷达天线。

图 2-22　平面缝隙阵列天线

四、相控阵天线

普通的机械扫描雷达通过机械转动来实现雷达波束在空间的扫描，而相控阵雷达则以相位电扫描方式控制波束指向，所以不需要机械地转动天线，就可以完成雷达波束在空间的扫描。机械扫描天线有惯性，而电扫描的天线是无惯性的。

相控阵雷达可以分为有源和无源相控阵两种类型。图 2-23 中相控阵天线为无源相控阵收发共用天线；“无源”是指在天线阵中只包含控制波束扫描的移相器，无源阵列的各

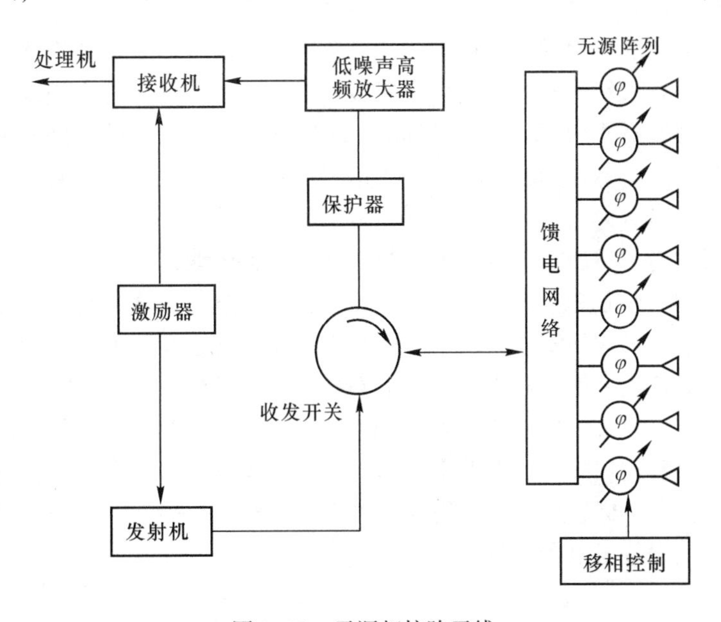

图 2-23　无源相控阵天线

个辐射阵元共用一个发射机，通过馈电功分网络，将发射机的能量分配到各个小阵元。采用无源相控阵天线的雷达称为无源相控阵雷达。

如果在每一个天线单元通道中接入有源部件，如功率放大器、低噪声放大器、混频器与收/发转换开关等电路，或接入将发射机、接收机、移相器和衰减器等集成在一起的发射/接收（T/R）组件，则称其为有源相控阵天线。采用有源相控阵天线的雷达称为有源相控阵雷达。“有源”是指天线阵中包含的 T/R 收发组件，不仅有控制波束扫描的移相器，而且还有发射时对信号进行功率放大的功率放大器，以及接收时对微弱信号进行放大的低噪声放大器，如图 2-24 所示。

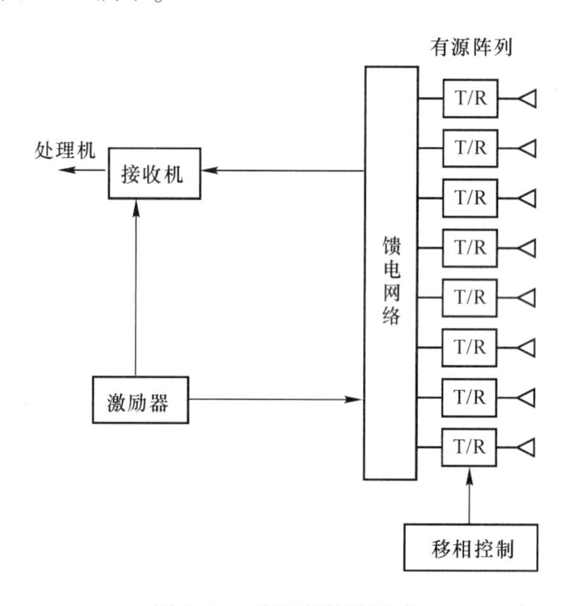

图 2-24　有源相控阵天线

相控阵天线波束快速扫描、波束形状可灵活变化、信号功率可在空间进行合成、易于形成多个波束等特点，使相控阵雷达可完成多种雷达功能，具有稳定跟踪多批高速运动目标的能力，在单部发射机功率受限制条件下，也能通过多路放大器空间功率合成获得要求的特大功率，为增大雷达作用距离、提高雷达测量精度和观测包括隐身目标在内的各种低可观测目标提供技术潜力。

相控阵天线取消了易出故障的机械扫描部件，而且天线是由多个阵列单元构成的，即使其中 5% ~10% 的单元发生故障，雷达也能有效地工作。去掉了天线座和机械转动装置后，还可调整相控阵天线的安装角度来降低飞机正面的雷达反射面积。而且，由于天线不转动，所以对敌方雷达来说，获得较大反射面积的机会极少。

图 2-25 所示为美国的 AN/APG-63V2 雷达，该雷达用有源相控阵天线替代了原来的机械扫描天线。机载相控阵雷达的波束指向以电子方式控制，可实现瞬间捷变，因此，雷达可以同时跟踪多个目标，可以同时完成空对空、空对地功能，还可以在探测的同时进行目标识别、电子侦察甚至电子干扰等。

图 2-25　美国 AN/APG-63V2 雷达升级前后天线对比

复习思考题：

1. 机载雷达常用的天线有哪些类型？
2. 机械伺服系统有哪几种类型？
3. 如何实现电扫描？相对机械扫描，电扫描有哪些优越性？
4. 为什么要使用收发转换开关？收发开关有哪几种类型？
5. 定向耦合器有何功能？有哪些类型？各类型有哪些特点？
6. 天线的性能指标有哪些？天线方向性是如何定义的？

第三章　发射机技术

本章提示：本章主要介绍了发射机的基本组成、主要性能指标、不同类型发射机的工作原理以及频率捷变技术。通过阅读，读者应熟悉发射机的主要技术指标，掌握发射机的基本组成和原理，了解不同类型发射机的差异及其特点。

雷达发射机是雷达系统的一个基本组成部分，机载脉冲雷达发射机的任务是产生符合要求的高功率射频脉冲信号，经微波馈电系统传输到天线辐射出去。雷达的工作原理正是基于这种辐射信号，利用目标对信号的反射特性，才实现对目标的探测的。可见，正是由于发射机提供了射频信号源，雷达才能对目标进行探测。因此，发射机也是雷达系统的一个重要组成部分。

第一节　基本组成

发射机一般由发射管、电源、脉冲调制器和发射机控制保护电路等几部分组成。

不同类型的发射管用途也不相同，可以是振荡管，也可以是放大管。有的发射管可以直接振荡产生大功率的微波信号，而有的发射管能够将微波信号源产生的低功率信号，进行无失真地放大，从而获得高功率的发射信号。电源为发射管及其脉冲调制器供电；脉冲调制器在外界定时脉冲的控制下实现对输出信号的脉冲控制；由于发射机工作电压高，发射功率大，所以必须设置相应的控制保护电路，完成对发射机的自检、控制保护和监测等。

一、发射管

发射管不仅是发射机中的主要部件，也是整个雷达系统中的核心部件。发射管主要有以下几种类型。

（一）磁控管

磁控管是一种特殊的二极管，其工作频率范围为 1 ~ 100GHz。早在 20 世纪 20 年代初就已产生。磁控管利用电场和磁场控制管内电子的运动产生射频振荡，其输出脉冲功率可达几千瓦到几兆瓦。

磁控管的工作频率范围广，输出功率大，效率高，价格低，用途十分广泛。主要缺点是发射频率稳定度低，不具备相参性。

图 3-1 所示为早期雷达发射机所采用的微波大功率磁控管，普通脉冲雷达发射机多为

磁控管发射机。现在，其应用范围已从雷达等军事领域逐渐扩展到家用微波炉灶等民用领域。

图 3-1　早期雷达发射机的磁控管

（二）速调管

速调管具有大功率、高增益的优点，但它的效率较低，信号频带宽度（带宽）相对较窄，而且需要高电压。速调管输出信号的质量能满足相参雷达的要求。为了提高效率，现在速调管大都采用多腔形式。

（三）行波管

与磁控管作为振荡管不同，行波管是一种放大管，其优点是增益高、带宽大，能够提供高稳定的大功率信号。

对于脉冲多普勒（PD）机载火控雷达，选用行波管作为发射管更为合适，因为行波管具有较高的增益和大的带宽，一般用一级放大器就能够得到所需要的射频输出。图 3-2 为现代 PD 机载火控雷达常用的行波管。

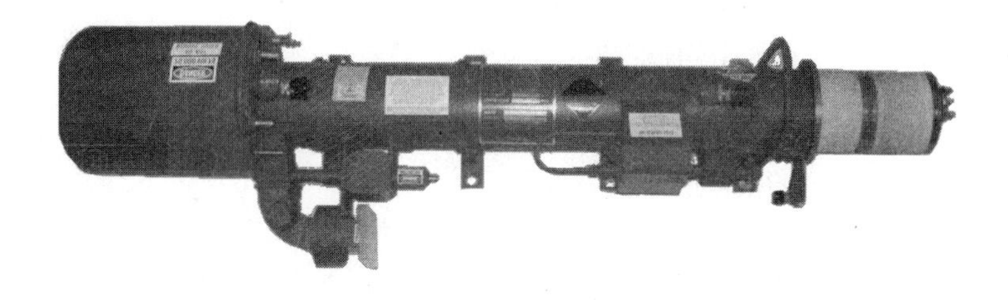

图 3-2　现代 PD 机载火控雷达常用的行波管

上述三类发射管各有特点，对于普通非相参脉冲雷达，磁控管是最好的选择；对于窄带相参雷达，速调管是优选者；对于宽带相参雷达，则必须选用行波管。

二、调制器

调制器的作用是给发射机的射频信号产生部分提供调制信号，以使发射的信号具有所要求的波形。由于机载雷达一般都是脉冲雷达，所以调制器一般也都是脉冲调制器。

脉冲调制器主要由调制开关、储能元件、充电及隔离元件等组成，它的基本组成框图如图 3-3 所示。

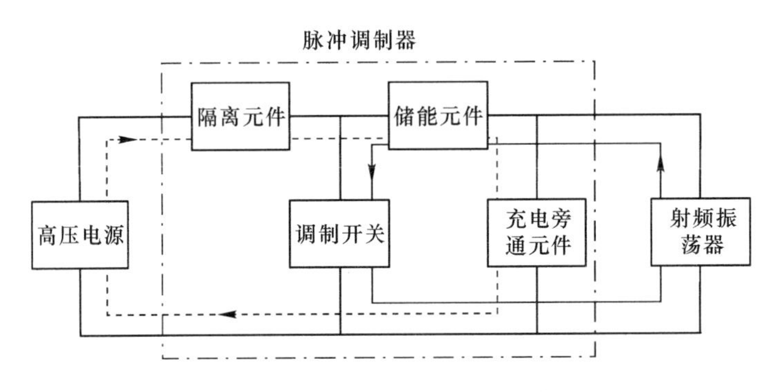

图 3-3 脉冲调制器的基本组成框图

（一）调制开关

调制开关一般是电真空管、可控硅等器件，它的作用是在外来触发脉冲的作用下，在短时间内接通储能元件的放电回路，使发射管输出脉冲信号；当没有外来触发脉冲时，它是断开的，使储能元件充电。

（二）储能元件

储能元件一般为大的电容器组，它能在雷达处在接收状态时，从高压电源获取能量并储存起来，然后在雷达发射机的工作期间内，把能量转交给负载。这样可使高压电源的功率容量、体积和重量大大减小。

（三）充电及隔离元件

充电及隔离元件有电阻和电感两种。在调制开关断开时，充电及隔离元件使储能元件按一定方式充电；在调制开关接通时，将高压电源与调制开关隔开，以免使高压电源过载。

三、电源

发射机需要的电源比较特殊，有低压、大功率供功率管用的磁场电源，有高压、小电流的钛泵电源，还有稳定的高压电源等。

输入发射机电源一般是交流电，在机载雷达中，就是飞机提供的航空电源，通常为三相 115V、400Hz 的交流电源。发射机内各部件需要的不同种类的电源，都是由初级电源通过变压、整流和滤波获得的。

四、控制保护电路

控制保护电路虽然是发射机中的辅助电路，但是它的作用很重要，决定了发射机能否安全可靠地工作，并涉及维护和使用发射机的工作人员的人身安全等重大问题。控制保护电路的功能主要有以下五点。

（一）提供顺序启动和联锁

发射机的开、关机是要严格按顺序进行的，只有确保前一动作的完成，才能启动下一步的工作。例如，在加高压电源前，必须接通灯丝进行预热，因此必须有一电路对这一顺序进行控制。

（二）提供过载、过流保护

发射机在工作过程中，会产生打火等现象，这会导致电流和电压的波动。当供给发射机的元器件，特别是功率管的电流和电压产生异常波动时，必须切断电流以保护元器件。另外，还必须监控工作中发射机的温度，当温度出现异常时也必须关掉高压电源。

（三）提供高压自动切换与重合

当发射机改变工作频率和脉冲波形等工作参数时，要切断高压，并在工作状态转换结束时，立即自动接通，进入下一个工作流程。

（四）提供高压回零和高压上限控制

在需要高压调整的发射机中，要有高压回零和高压上限控制电路，以保证高压调整装置回到零位时才接通高压，并保证高压不超过一定的限制范围。

（五）保护人身安全

大功率发射机常常采用几十千伏的高压，对维护和使用人员有一定危险，因此必须采取一些措施来消除隐患。例如，打开发射机机壳时能自动切断高压电源，并且再也不能强行接通；打开机壳时能迅速短路高压电容器，使其放电等。

第二节　主要性能指标

发射机的主要性能指标主要有工作频率、脉冲重复频率、脉冲宽度、输出功率、总效率、信号的稳定度及可靠性等。

雷达的用途不同、体制不同，对这些性能参数的要求也不同。发射机的主要技术性能能否达到规定值，将直接影响雷达探测距离的远近、分辨能力的高低以及测距的精度。

一、工作频率

雷达的工作频率（f_0）就是指发射机输出的射频信号频率。即脉冲信号的载频，如图3-4所示。

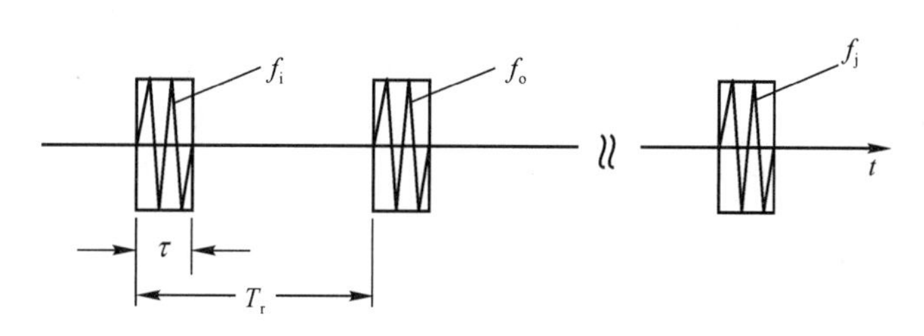

图3-4　常见脉冲雷达发射信号波形图

发射机的工作频率不同，雷达的结构、战术性能和用途也不同，机载雷达的工作频率通常在微波波段。

二、脉冲重复频率

发射机每秒钟发射的射频脉冲个数称为脉冲重复频率（f_r），其倒数称为脉冲重复周期（T_r），即相邻两个射频脉冲之间的时间间隔。

雷达发射脉冲重复频率可以选择高、中、低三种重复频率模式（HPRF、MPRF、LPRF），具体选择哪种模式，主要由雷达的最大探测距离和雷达体制决定。普通简单的脉冲雷达采用低脉冲重复频率（LPRF），以适应最大探测距离的要求（脉冲重复周期长）；而脉冲多普勒雷达则采用多种脉冲重复频率，其中高脉冲重复频率（HPRF）可高达几百kHz，以适应雷达测速的需要。

三、脉冲宽度

射频脉冲的持续作用时间称为脉冲宽度（τ）。

脉冲宽度是影响雷达探测距离和距离分辨力的主要因素之一。在其他条件不变时，增大脉冲宽度，则使发射脉冲的能量增大，从而增大雷达的探测距离；减小脉冲宽度则可以使距离分辨力增高。

四、输出功率

发射机的输出功率可以用脉冲功率和平均功率来表示。

脉冲功率（P_τ）是指射频脉冲持续时间内输出的功率，平均功率（P_{av}）是指脉冲重复周期内输出功率的平均值。

由图3-4可以看出，P_τ 与 P_{av} 有如下关系

$$P_{av} = \frac{\tau}{T_r} \cdot P_\tau \tag{3-1}$$

式中：$\tau/T_r = \tau f_r$——雷达的工作比 D（占空比），通常为千分之一至百分之几。

发射机的输出功率直接影响雷达的探测距离和抗干扰能力。提高雷达脉冲功率，发射脉冲信号的能量增强，能够增加雷达的探测距离，并且受干扰的范围要小一些。但是增大发射功率就意味着发射机的工作电压和工作电流要增大，考虑到大功率器件的耐压和高功率打火击穿问题，因而不能过分增大发射机脉冲功率。

五、总效率

发射机的总效率是指发射机的输出功率与它的输入总功率（供电功率）之比。

因为发射机通常在雷达整机中是最耗电和最需冷却的部件，有高的总效率，不仅可以省电，而且对减轻整机的体积重量也具有重要作用。

六、信号的稳定度

信号的稳定度是指发射信号的振幅（或功率）、频率（或相位）、脉冲宽度及脉冲重复频率等参数随时间作相应变化的程度。雷达发射信号的任何参数不稳定都会给雷达性能带来不利的影响。

另外，由于雷达发射机是大功率电子组件，其工作在高电压、大电流状态下，因此，

其工作可靠性及安全性也是重要技术指标。

第三节　不同类型的发射机

发射机主要有单级振荡式、主振放大式、固态发射机等类型。

对于单级振荡式发射机而言，发射管直接振荡产生大功率的微波信号，振荡信号的相位关系不确定，属于非相参发射机；而对于主振放大式发射机，其作用是把输入的低功率信号无失真地放大，由于采用高稳定的信号源，放大的信号具有确定的相位关系，所以属于相参发射机。

一、单级振荡式发射机

单级振荡式发射机主要由脉冲调制器、射频振荡器和电源等电路组成，其原理如图 3-5 所示。

在定时器加来的触发脉冲触发下，调制器产生具有一定脉冲宽度（τ）、一定重复频率（$1/T_r$）的大功率调制脉冲加到射频振荡器，使其在调制脉冲作用期间，产生大功率射频振荡信号，送至天线向空间辐射。发射机各级电路正常工作所需的各种电源由电源电路供给。

单级振荡式发射机的射频振荡器一般采用磁控管。此类发射机结构简单，成本低，但其频率稳定度低，难以形成复杂信号波形。

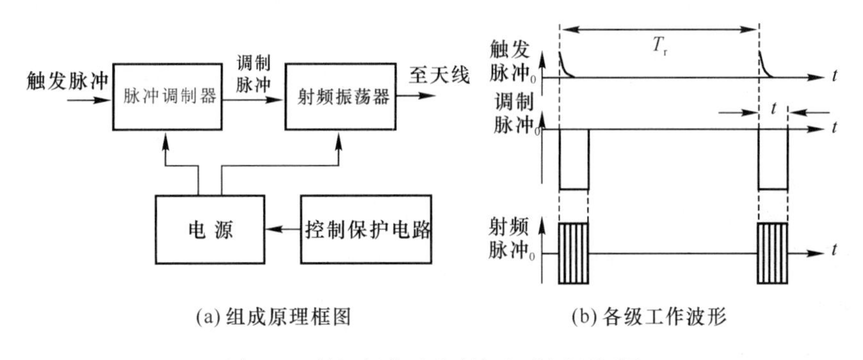

(a) 组成原理框图　　(b) 各级工作波形

图 3-5　单级振荡式发射机组成原理框图

二、主振放大式发射机

主振放大式发射机的组成原理框图如图 3-6 所示，它的特点是由多级电路组成。从各级的功能来看，有两大部分：一是用来产生射频信号的电路，称为射频信号源；二是用来提高射频信号功率的电路，称为射频放大链，“主振放大式”的名称就是由此而来。

射频信号源用来产生具有高频率稳定度的低功率射频信号。现代雷达采用频综器电路构成射频信号源，用以产生雷达整机系统所需的各种高频率稳定度的基准频率信号（射频

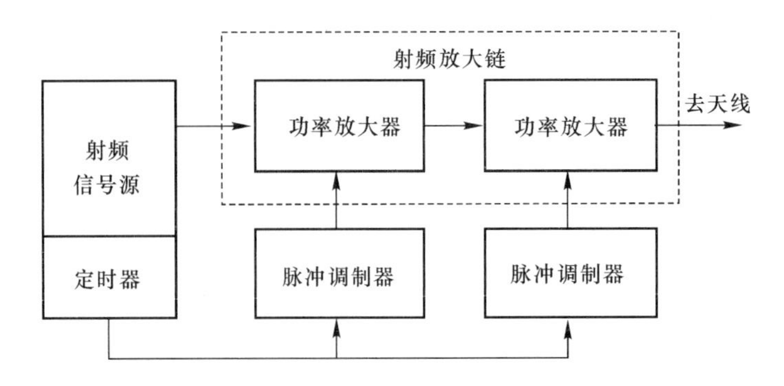

图 3-6　主振放大式发射机组成原理框图

激励信号、本振信号、中频信号等)，同时还可以产生复杂信号波形。

射频放大链一般由单级或多级功率放大器构成，用来将低功率射频激励信号进行功率放大，并实现脉冲调制后输出。射频功率放大器通常采用行波管和前向波管等放大器件。

主振放大式发射机具有较高的频率稳定度，因而可以输出相位相参的射频信号。所谓相位相参是指两个信号的相位之间存在确定的对应关系。

在主振放大式发射机中，射频信号源通常输出的是连续波信号，射频脉冲的形成是通过脉冲调制器对功率放大器的控制来实现的，因此相邻射频脉冲之间的射频信号相位就具有固定的相位关系。只要信号源的频率稳定度足够高，射频信号就具有相位相参性。而单级振荡式发射机产生的射频信号不具有这种相参特性。

由于采用频综器电路构成射频信号源，使雷达整机系统的发射信号、本振信号及相参中频信号等均由同一稳定频率的基准信号源提供产生，因此所有这些信号之间均保持相位相参性，从而可以构成全相参雷达系统。不仅如此，采用频综器电路的发射机还具有发射频率跳变的能力，能够提高雷达的抗干扰能力；同时还能使雷达发射机产生复杂波形，可以适应雷达不同工作方式的要求。

频综器利用锁相技术通过对信号源的振荡频率进行加、减、乘、除的方法获得很多频率稳定度很高的频率；而且其频率数值可以通过程控进行控制，因而可以实现雷达发射频率的快速变频。

三、固态发射机

由于单个微波固态放大器的输出功率较小（几瓦到几百瓦），将多个微波功率器件、低噪声接收器件等组合成固态发射模块或固态收发模块，所以采用多个模块进行功率合成，可以得到高功率射频信号输出。这种由固态收发模块构成的阵列式发射机一般称为固态发射机。这种发射机的特点是无须预热延时、工作电压低、可靠性高。固态发射机通常由几十个甚至几千个固态发射模块组成，并且已经在机载相控阵雷达中逐步得到应用。

将多个大功率晶体管的输出功率并行合成，即可制成固态高功率放大器模块，如图 3-7 所示。

根据使用要求，主要有两种典型的输出功率合成方式。图 3-7（a）是空间合成的输出结构，主要用于相控阵雷达。图 3-7（b）是集中合成的输出结构，它可以单独作为中、小功率的雷达发射机辐射源，也可以用于相控阵雷达。固态微波功率合成根据微波信号源的不同，区分为两类功率合成：一是对频综器输出的宽带全相参微波信号，大多采用宽带、非谐振式的功率合成器件组成功率合成阵微波网络；二是对非相参的多个微波振荡器的输出功率，大多采用谐振腔直接进行功率合成，这种合成法设备简单，合成功率大，但其带宽比较窄。

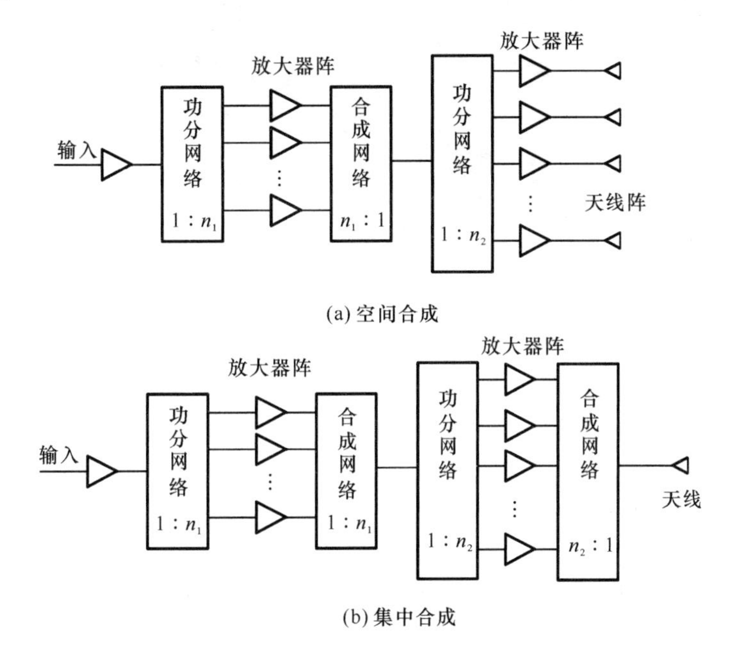

图 3-7　固态功率放大器功率合成方式

固态模块在相控阵雷达中得到广泛的应用。相控阵天线中的每个辐射元就是一个固态收发模块。相控阵天线利用电扫描方式，使每个固态模块辐射的能量在空间合成为所需要的高功率输出。

图 3-8 给出了固态收发模块在有源阵列相控阵雷达中的应用方式。有源阵列天线的特点是采用固态组件，它们装在阵列天线每个辐射单元的后面。

在发射期间，信号源产生的低功率射频信号分配给每个有源阵列组件，送入每个组件的射频信号在功率放大器中被放大，一并通过与组件构成整体的天线辐射单元辐射出去。因此，由整个天线辐射高功率射频信号而无须单只高功率微波管，也没有与发射机、功率管理以及天线馈电射频电路有关的损耗。由于能量分散，降低了整个雷达系统的功率密度，简化了冷却要求，提高了发射效率。

在接收期间，回波信号在阵面上立即被同一组件内的低噪声放大器所放大，因此降低了接收通路损耗的影响，这种损耗在其他雷达系统的微波馈电线路（天线到接收机的传输线）上是普遍存在的。此外，系统噪声系数在天线前端由低噪声放大器来确定，因而比常规雷达低得多，后者的噪声系数由于接收馈线中的射频损耗而增大。

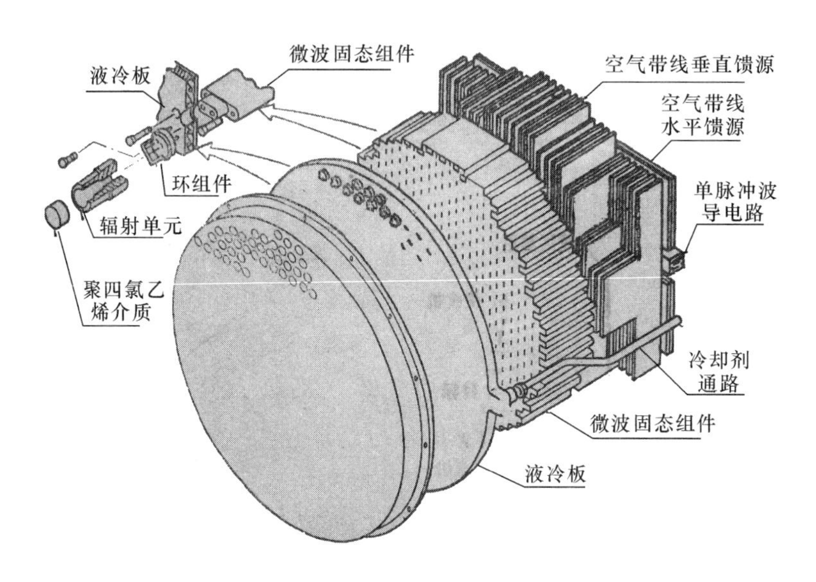

图 3-8　机载有源相控阵雷达

复习思考题：

1. 发射机的主要性能指标有哪些？
2. 工作频率和脉冲重复频率有何区别？
3. 脉冲宽度、输出功率、重复频率之间有什么关系？
4. 发射机有几种类型？各由哪几部分组成？有什么特点？
5. 为什么要采用控制保护电路？发射机控制保护电路的作用有哪些？
6. 什么是相位相参性？
7. 发射管有哪几种？各有什么特点？

第四章　接收机技术

学习提示： 本章主要介绍了接收机的基本组成、主要性能指标以及提取目标回波所应用的主要技术。通过阅读，读者应了解接收机各组成部分的功能，理解接收机的主要性能指标，重点掌握主要的滤波检波相关技术。

雷达接收机的任务是将微弱的高频回波信号从噪声中提取出来，并对其加以放大，送到显示器或其他终端处理设备。

因此，接收机的主要功能是将接收到的射频信号经过下变频、放大、滤波和模数（A/D）转换等处理，尽可能无失真地转换成数字信号，再送到信号处理机中进一步处理。此外，有的雷达接收机还要产生雷达系统所需要的各种波形，并为雷达系统提供所需的高稳定频率源。

第一节　基本组成

雷达接收机一般采用超外差式电路。这种电路的主要特点在于它利用本振信号与回波信号进行差频，得到中频信号，然后再将中频信号进行充分放大。因为放大频率较低的中频信号比放大频率很高的射频信号要容易得多。

根据接收机的任务，整个接收机主要包括接收通道、频综器以及相应的辅助控制电路，其基本组成如图 4-1 所示。

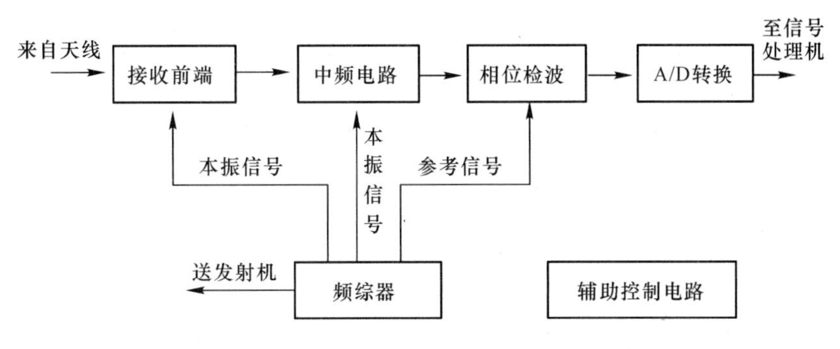

图 4-1　接收机的组成原理框图

从天线接收的高频回波送往接收前端，在接收前端里，经过低噪声高频放大，与频综器输出的本振信号进行混频，将信号频率降为中频（IF），再由多级中频电路对中频脉冲信号进行放大和匹配滤波，以获得最大的输出信噪比。有的雷达还要在中频电路里进行第二次混频，最后经过检波放大、A/D 转换后送至终端处理设备。

一、接收通道

接收通道主要包括低噪声前端放大器、第一混频器、滤波器、主中频放大器、第二混频器和正交相位检波器和 A/D 转换等部分组成。

接收通道不一定集中在一起，往往是分置的。低噪声前端一般靠近天馈系统，以减小接收馈线的损失；另外，由于接收机前端的噪声系数对整个接收机的噪声系数影响最大，采用低噪声前端，也有利于降低整个接收通道的噪声系数。接收通道电路组成原理如图 4-2 所示。

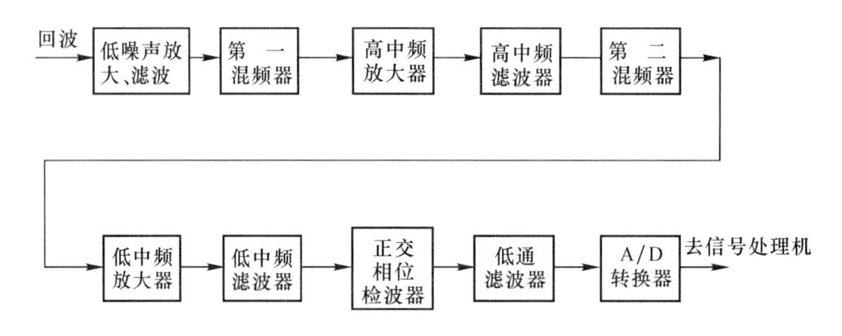

图 4-2　接收通道电路组成原理框图

微波低噪声接收前端（简称前端）的组成如图 4-3 所示。主要由电调衰减器、低噪声放大器、混频器和中频放大器组成。它完成接收信号的低噪声放大、混频、消隐（BP）、自动增益控制（AGC）、时间灵敏度控制（STC）以及镜像频率抑制等功能。在场效应放大器中，既要实现对射频输入信号的放大，又要通过电调衰减器实现动态压缩。镜像抑制混频器可以减小镜像干扰对接收机的影响。镜像抑制混频器输出第一中频信号，加到前置放大器进行第一次中频放大，可以提高接收机的灵敏度。

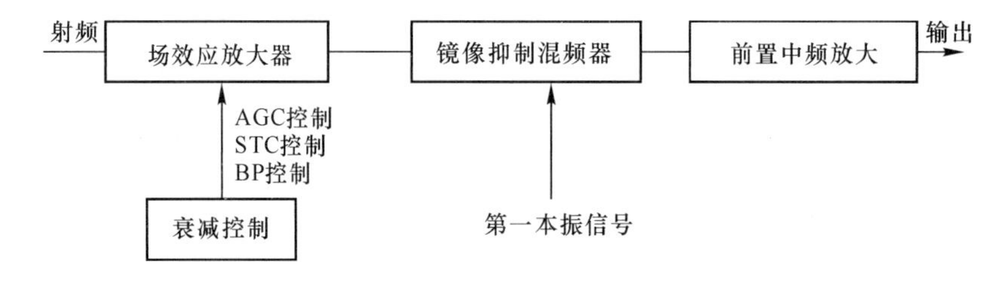

图 4-3　微波低噪声前端组成框图

例如，在有源相控阵雷达中，T/R 收发组件的接收通道就是整个接收机低噪声前端的一部分。正交相位检波以及 A/D 转换部分也可以和信号处理机结合在一起，这样可以减小 A/D 转换器与处理机之间的走线数量和相互干扰。

二、频综器

频综器用来产生接收机需要的各种射频、中频和视频基准源，并为雷达其他各单元提供定时信号、本振信号和参考信号等。

频综器原理框图如图4-4所示。基准频率振荡器产生出稳定的基准频率，经过第一倍频器N次倍频后输出，作为相参本振信号（中频），再经过第二倍频器M次倍频后输出，作为稳定本振信号（微波）。如果多谱勒频移不大，则把相参本振信号与稳定本振信号通过混频，取其和频分量输出，作为雷达的载波信号。如果多谱勒频移大，则需从第一倍频器输出一串倍频信号，其频率间隔为基准振荡器频率，由跟踪器送来的信号选择其中能对多谱勒频移作最佳校准的一个频率，经与稳定本振信号混频后，作为雷达的载波信号。为了避免产生混频的寄生分量，一般用分频器把基准频率分频而产生脉冲重复频率。

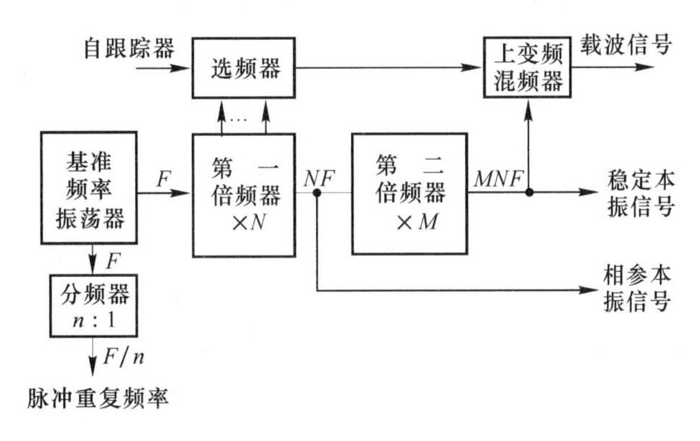

图4-4　频综器原理框图

三、辅助控制电路

接收机辅助控制电路主要包括自动增益控制（AGC）电路、近程增益控制（STC）电路、路径补偿控制（PAC）电路等。下面主要介绍AGC和STC两种增益控制电路。

自动增益控制（AGC）电路是利用接收机输出信号（或噪声）电平的大小，产生相应的增益控制电压（或控制信号），对中放增益进行自动控制。

图4-5示出了一种简单的AGC电路框图，它由一级峰值检波器和低通滤波器组成。接收机输出的视频脉冲信号经过峰值检波，再经低通滤波器滤除高频分量之后，就得到自动增益控制电压U_{AGC}，将它加到被控的中频放大器，就完成了增益的自动控制。当输入信号增大时，接收机输出的视频脉冲信号幅度随之增大，使得增益控制电压增加，从而使受控中放的增益降低；反之当输入信号减小时，控制调整过程正好相反。因此自动增益控制电路是一个负反馈控制系统。

利用这种AGC系统可以对雷达单目标跟踪状态下的接收机增益进行控制，保证输出的回波信号幅度稳定，而与目标的距离远近、目标的反射面积变化无关，从而使雷达天线精确地跟踪目标的角度位置。这种AGC称为脉冲自动增益控制。

也可利用这种AGC系统对雷达接收机输出的噪声电平进行控制，从而避免由于电源电压不稳，或晶体管及电路参数的变化，可能引起的接收机增益不稳定。这种AGC称为

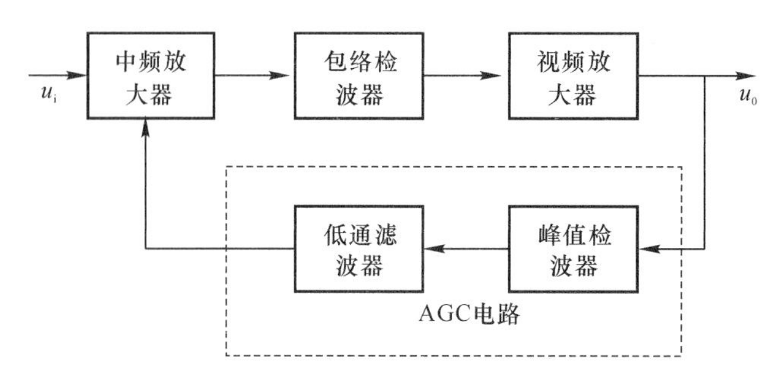

图 4-5　AGC 电路组成框图

杂波自动增益控制。

雷达接收到的目标回波功率与距离或雷达能量传输时间的 4 次方成反比，因此近距离目标的回波比较强。为了防止近距离回波信号造成接收机过载，雷达接收机需设置近程增益控制电路。

近程增益控制电路又称灵敏度时间控制（STC）电路，用来控制接收机对近距离回波信号的放大能力，也就是使接收机的增益在雷达发射射频脉冲信号之后的一段时间内有所降低。灵敏度时间控制使雷达接收机的灵敏度随时间变化，从而使被放大的雷达回波信号强度与距离无关。

近程增益控制电路的基本原理是：在触发脉冲控制下，产生控制信号，送到受控的中频放大器作为增益控制电压，控制接收机的增益按此规律变化，使得近距离接收机的增益随距离增大而增加，逐渐恢复正常。

近程增益控制电路对雷达接收机的控制通常在低脉冲重复频率、搜索工作状态下采用。在中、高脉冲重复频率及跟踪状态下，不能使用灵敏度时间控制电路。

第二节　主要性能指标

从机载雷达的整体性能考虑，对接收机的技术要求不仅包括灵敏度、放大倍数、动态范围、工作频率、频带宽度、系统噪声系数，还包括频率源的频率稳定度等。

雷达接收机的技术性能指标，主要有以下几个方面。

一、灵敏度

雷达接收机的灵敏度用来表示接收机接收微弱信号的能力。它是接收机最重要的性能指标。

雷达接收机灵敏度的高低是以接收机输出端达到规定的信噪比时，天线输送给接收机的最小可检测信号功率为判断依据。这一最小信号功率的数值越小，表示接收机的灵敏度越高。灵敏度越高，雷达的探测距离就越远。

雷达接收机的灵敏度，主要是受噪声的限制。因为信号和噪声是同时被接收机放大的，当信号微弱到一定程度，甚至被噪声淹没时，接收机的放大倍数再大，也难以将信号分辨出来。

二、放大倍数

雷达接收机的放大倍数表示接收机放大信号的能力。

接收机放大信号的能力，也常用增益来表示。增益是放大倍数的对数值，它同放大倍数之间的关系如下

$$G = 20\lg K \tag{4-1}$$

式中：G——增益，dB；

K——电压放大倍数。

雷达接收机的电压放大倍数一般为 $10^6 \sim 10^9$ 倍，相应的增益为 120～180dB。

三、动态范围

动态范围表示接收机能够正常工作所容许的输入信号强度变化的范围。

最小输入信号强度通常取为最小可检侧信号功率 $S_{i,\min}$，允许最大的输入信号强度则根据正常工作的要求而定。当输入信号太强时，接收机将发生饱和过载而失去放大作用。使接收机开始出现过载时的输入功率与最小可检测功率之比，就是动态范围。

四、工作频率

接收机的频率可以分为射频、中频和视频三种类型。射频必须与雷达的工作频率一致并且具备一定的频带范围。中频和视频根据接收机的具体情况而定，一般中频和视频都是固定的，中频的选择和信号带宽、带外频率的抑制度等因素有关，从技术实现的角度来说，中频选择 30～500MHz 较为合适。

雷达接收机的滤波特性用来表示接收机滤除杂波及干扰信号、输出有用信号的能力。

雷达接收机必须能在一定的频率范围内接收目标所反射的回波信号，尽量滤除杂波及干扰信号以降低噪声信号的输出。这就要求雷达接收机具有适当的通频带，并且频率特性线的形状尽可能接近于矩形。

减小接收机噪声的关键参数是中频的滤波特性，如果中频滤波特性的带宽大于回波信号带宽，则过多的噪声进入接收机。反之如果所选择的带宽比信号带宽窄，信号能量将会损失。这两种情况都会使接收机输出的信号噪声比减小。

五、噪声系数

噪声系数的定义是：接收机输入端信号噪声功率比与输出端信号噪声功率比之比。噪声系数可用下式表示

$$F = \frac{S_i/N_i}{S_o/N_o} \tag{4-2}$$

式中：S_i——输入额定信号功率，W；

N_i——输入额定噪声功率（$N_i = kT_0B_n$），W；

S_o——输出额定信号功率，W；

N_o——输出额定噪声功率，W。

噪声系数 F 有明确的物理意义：它表示由于接收机内部噪声的影响，使接收机输出端的信噪比相对其输入端的信噪比变差的倍数。

式（4-2）可以改写为

$$F = \frac{N_o}{N_i G_p} \tag{4-3}$$

式中：G_p——接收机的功率增益，W；

$N_i G_p$——输入端噪声通过“理想接收机”后，在输出端呈现的额定噪声功率，W。

因此噪声系数的另一定义为：实际接收机输出的额定噪声功率 N_o 与“理想接收机输出的额定噪声功率 $N_i G_p$ 之比。

实际接收机的输出额定噪声功率 N_o 由两部分组成：其中一部分是 $N_i G_p$，另一部分是接收机内部噪声在输出端所呈现的额定噪声功率 ΔN，即

$$N_o = N_i G_p + \Delta N$$

将上式代入式（4-3）可得

$$F = 1 + \frac{\Delta N}{N_i G_p} = 1 + \frac{\Delta N}{k T_0 B_n G_p} \tag{4-4}$$

从式（4-4）可更明显地看出噪声系数与接收机内部噪声的关系，实际接收机总会有内部噪声（$\Delta N>0$），因此 $F>1$，只有当接收机是“理想接收机”时，才会有 $F=1$。

对于多级接收电路，多级放大器的总噪声系数主要由第一级的噪声系数决定，以后各级的噪声系数对总噪声系数的影响依次减弱。如果前一、二级放大器具有足够大的功率放大倍数，以后各级的噪声系数对总噪声系数的影响则可忽略不计。

第三节　主要技术

一、多通道接收技术

在机载雷达中，为了提高测角精度，通常利用单脉冲测角方法。采用这种方法时，雷达需要同时处理来自天线的和波束、方位差波束、俯仰差波束，在 PD 火控雷达下视时还要处理保护信号。也就是说，要求有多个通道分别把和信号、方位差信号、俯仰差信号从射频信号，经过下变频、滤波放大处理后变成待处理的信号。在具有合成孔径成像功能的雷达中，还有合成孔径（SAR）信号通道。

一般地，接收机由主路通道（和路）、副路通道 1（俯仰差）和副路通道 2（方位差/保护信号）三路接收通道组成，或者方位差和俯仰差以及保护信号共用一个通道，由时分开关控制分时切换。无论是单通道、双通道还是三通道接收机，其组成电路基本相同。

每路通道都由低噪声放大器、镜像抑制滤波器、第一混频器、第一中频放大器、第一中频滤波器、第二混频器、第二中频滤波器、第二中频预放大器和主放大器组成，如图 4-6 所示。

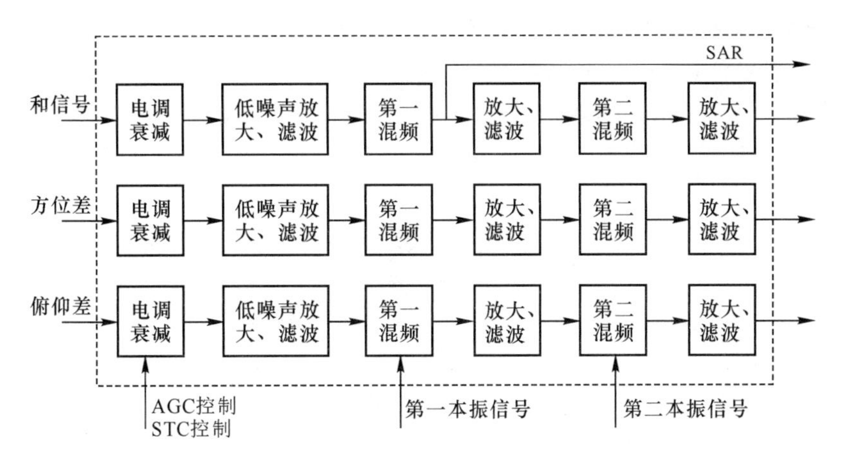

图 4-6　多通道接收示意图

和通道兼有 SAR 的功能，第一混频器之后用单刀双掷电子开关分离 SAR 信号和雷达信号。

二、正交相位检波

相位检波器、同步检波器和平衡混频器之间的区别有时并不明显，这是由于完成这些功能的模拟电路很相似。但是通常认为，这种独特电路当输出端只有相位信息时是相位检波器，当输出端兼有相位与振幅信息时则作为同步检波器，而当输出端兼有相位、振幅与频率信息时则称作混频器。但这种约定对于多普勒频移例外。

在雷达接收机中，相位检波通常采用同步检波器，以便同时保留回波信号的幅度信息和相位信息。

同步检波亦称相干检波，它的特点是必须外加一个频率和相位都与被检波信号的载频相同的电压。外加的参考信号电压 u_r 加入同步检波器可以有两种方式：一种是将它与接收信号 u_i 在检波器中相乘，经低通滤波器后，检出原调制信号，如图 4-7（a）所示；另一种是将它与接收信号相加，经包络检波器后取出原调制信号，如图 4-7（b）所示。

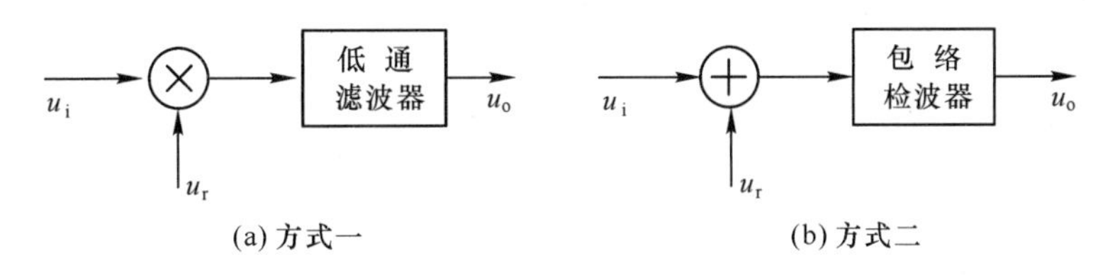

图 4-7　同步检波器基本组成原理框图

乘积型同步检波是直接把参考信号 u_r 与接收信号 u_i 在乘法器中相乘，用低通滤波器将低频信号提取出来。在这种检波器中，要求参考信号 u_r 与接收信号 u_i 同频同相。如果其频率或相位有一定的偏差，将会使恢复出来的调制信号失真。

在脉冲多普勒雷达接收机中，正是依靠同步检波器将回波信号中的多普勒频率（差频频率）保留下来，以便进行多普勒频率检测。

叠加型同步检波器原理电路与混频器电路基本相同，只不过将低通滤波器代替选频回路就可以了。其检波原理可自行分析，这里就不再讨论。

在某些要保持最大信息的高性能系统中，可以用一对正交的同步检波器工作。正交同步检波器电路组成原理框图如图 4-8 所示。

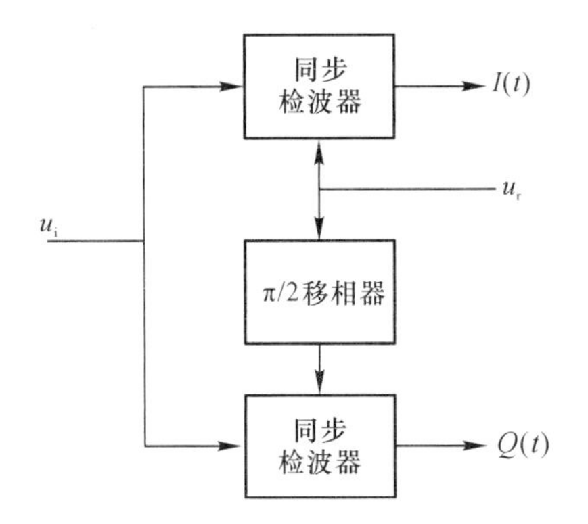

图 4-8　正交同步检波器电路组成原理框图

正交同步检波器由两路相同的同步检波器组成，其差别仅在于基准的参考信号相位相差 90°，这两路分别称为同相支路（I）和正交支路（Q）。

利用同相支路和正交支路输出的 I、Q 值，不仅可以求出输入信号的幅度信息，更重要的是能够确定相位信息。这种关系的确定对脉冲多普勒雷达来说是非常重要的，因为目标回波的多普勒频率有正、负之分（决定于目标相对速度是增加和减小），因此 PD 雷达接收机中采用正交同步检波器对中放输出的中频回波脉冲进行检波。

复习思考题：

1. 接收机的主要性能指标有哪些？
2. 噪声系数的物理意义是什么？
3. 增益控制电路有哪几种？各有什么作用？
4. 多通道接收机接收的信号包括哪些信号？
5. 什么是正交相位检波？与包络检波相比，有何不同？
6. 频综器的作用是什么？

第五章　信号处理技术

学习提示：本章主要介绍了信号处理的任务、指标要求、基本信号流程以及应用的主要处理技术。通过阅读，读者应了解信号处理的主要要求，熟知信号处理的基本流程，并掌握几种典型的信号处理技术。

信号处理是机载雷达提取目标信息的重要环节。信号处理的主要任务是将接收机送来的含有杂波、噪声以及目标回波的原始数字信号进行处理，利用有用信号与杂波干扰等在时域、频域以及统计特性上的差异，通过滤波等处理方法，把真实目标回波与背景杂波信号相分离，并抑制滤除掉杂波和噪声，检测出真实的目标信号，同时计算出目标的距离、速度、角度信息，形成目标点迹。

第一节　主要性能指标

信号处理系统主要完成对接收信号的数字处理，主要包括滤除杂波、快速傅里叶变换（FFT）、脉冲压缩、动目标显示（MTI）处理、恒虚警（CFAR）处理、地图测绘成像等。其主要技术体现在如下指标要求上。

一、工作方式

机载雷达的各种工作方式是在信号处理以及数据处理的协同下完成的，各种工作方式的最终结果主要以信号处理机的输出形式给出。因此，信号处理系统有与雷达系统相对应的工作方式，如空-空、空-地、空-海等，同时配备与之相适应的信号处理流程。在不同的工作方式下，信号处理系统的硬件相同，而信号处理算法各异。

二、工作波形

不同的工作方式下，雷达使用的工作波形不同，因此信号处理机的能力，特别是硬件的处理速度、缓冲区的大小、数据的输入输出速度必须与相应的工作方式相匹配。

三、脉冲压缩性能

脉冲压缩方式有时域压缩和频域压缩两种方式，随着数字处理器件速度的提高，目前的机载雷达中，大多数均采用频域压缩，在信号处理机内部来完成。因此要对信号处理系统的脉冲压缩性能提出要求，主要是脉冲压缩副瓣电平以及压缩过程中信噪比的损耗等。

四、多普勒滤波要求

现代机载雷达大多具有下视能力，通过频域多普勒滤波器组来检测低空目标，因此多普勒滤波器的性能对雷达系统检测目标有较大的影响。

五、恒虚警检测要求

恒虚警处理是信号处理过程中的重要环节，要求雷达系统能够在保持恒定的虚警概率的情况下，把目标检测门限压到最低，以便减少信噪比损耗，从而获得较高的目标检测能力。

六、测量精度

在目标被正确检测之后，就需要提取目标的点迹参数，包括距离、角度、速度和高度，这些参数共同决定了目标的位置和速度。

目标距离一般通过脉冲延迟法来获得，因此信号带宽与测距精度密切相关，脉冲越窄，信号带宽越宽，测距精度越高。

信号处理机利用多普勒效应，通过测量目标的多普勒频移获取目标的相对径向速度。测速的精度与多普勒频移的测量精度相一致，而多普勒频移的测量精度取决于多普勒滤波器的带宽。

第二节 基本流程

信号处理系统是一个复杂的计算机系统，为了满足快速实时处理雷达接收的回波信号，一般地，该系统采用高速数字处理（DSP）芯片，构成并行信号处理系统。空–空探测、空–地地图测绘方式下对接收机送来的回波信号进行数据处理的基本流程如图 5–1 所示。雷达的工作方式不同，信号处理的方法和参数也有所差别。根据不同的工作方式，信号处理机对处理的参数进行设置和预处理。

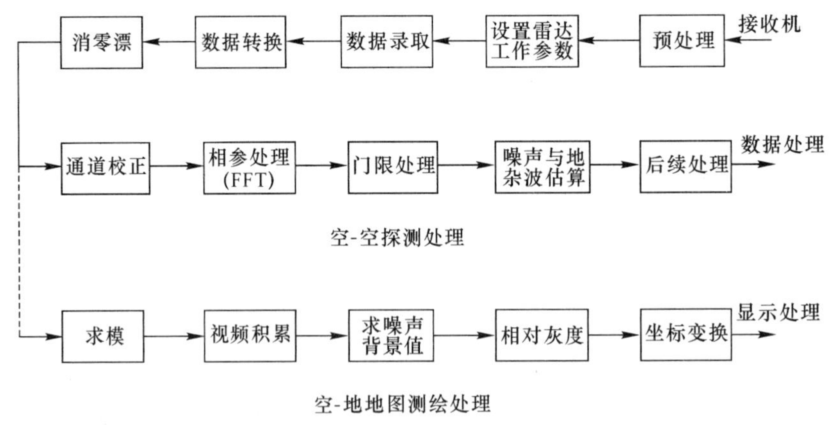

图 5–1　空–空探测、空–地地图测绘方式下的信号处理流程

数据转换是为了便于运算而对录取的回波信号幅度数据进行变换。为了保证对雷达回波信号检测的准确性，还需要对可能的相关检测误差进行修正，如跟踪状态下接收机和差信号通道幅度和相位的一致性等。对于这些误差，信号处理机通过测试得到相关数据，然后再对回波信号进行处理之前对运算数据加以修正。

空-空探测状态下，为了检测运动目标，需要从频域检测回波信号的多普勒频率，这种检测也称之为相参处理。这种相参处理采用数字处理的方法，对接收的回波信号进行快速傅里叶变换（FFT）。快速傅里叶变换等效为在一定带宽内，由多个相邻的窄带滤波器构成一个滤波器组，对输入的回波信号进行滤波。根据每个窄带滤波器的输出，就可以获取输入信号的多普勒频率，即在频域内将目标检测出来。

快速傅里叶变换需要对 N 个雷达发射周期在同一距离单元的回波信号幅度数据进行运算，即构成该距离单元的 N 个窄带滤波器。如果每个雷达发射周期被分成 M 个距离单元，则信号处理机在一个处理周期里要进行 M 次快速傅里叶变换。而每次快速傅里叶变换所需要的时间又与 N 的数值有关，N 越大则时间越长（窄带滤波器的个数多、测频精度高、滤除干扰的能力强），对信号处理的实时运算的速度要求就越高。在信号处理机中一般采取多个信号处理模块，对接收的信号进行并行处理。

经过快速傅里叶变换，可以得到每个距离单元的 N 个滤波器的输出值，为了从一个距离单元的 N 个输出数据中检测出有用目标，需要采用门限处理（CFAR：恒虚警检测）来消除噪声的影响。根据噪声和地杂波从滤波器的输出值计算出门限电平，利用该门限滤除噪声和地杂波干扰，检测出有用目标。

一旦目标被检测出来（获取了目标的多普勒频率），目标对应的距离也就可以得出（对应的距离单元）。但是对于不同的雷达波形，该数据不一定是目标的真实距离和多普勒频率值，还要送到数据处理机进行解模糊处理，才能获取目标的真实距离和多普勒频率值。

这就是空-空探测方式下的信号处理流程。空-地地图测绘方式下，显示的画面只显示地面对雷达信号的反射强度，所以空-地地图测绘与空-空探测处理的区别在于对地面回波不进行快速傅里叶变换处理，只计算各距离单元的回波信号幅度值，得到各距离单元回波信号的强度值。然后采取视频积累，根据噪声背景强度确定显示画面的灰度等级，送到显控系统进行显示。

第三节　主要技术

信号处理的主要目的有三个：一是尽可能地将杂波、干扰等无用信号抑制滤除掉；二是尽可能地保留目标回波信号；三是保证信号检测的可靠性。下面首先介绍杂波对消的概念，然后分别介绍相参积累、恒虚警检测、多普勒频率滤波、脉冲压缩、合成孔径成像等技术。

一、杂波对消

杂波通常是指因地形、地物、海浪、云雨反射而产生的雷达不希望接收到的回波，即地物杂波、海面杂波和气象杂波。对机载雷达而言，下视时所遇到的地面杂波不仅强度大、多普勒频谱宽，而且可能在所有的距离上成为目标检测的背景，这也是早期普通脉冲雷达难以有效实现下视的重要原因。在脉冲多普勒雷达及相控阵雷达中，利用多普勒效应，可以在频域上对杂波实施有效抑制，提高目标检测的性能，为机载雷达的战术运用提供极大的灵活性。

对于机载雷达，地面杂波是由于雷达天线主、副瓣波束照射地面引起的，如图 5-2 所示。其中主瓣杂波是雷达天线主波束照射地面形成的回波；副瓣杂波和高度杂波则是由雷达天线副瓣波束照射地面形成的回波。由于机载雷达与地面之间存在着相对运动，因而地面杂波也产生多普勒频移。根据多普勒频移的差别，地面杂波被分为三种类型：主瓣杂波、副瓣杂波和高度杂波。

注意：在探测飞行目标或地面移动目标时，主瓣杂波属于无用的杂波信号。而在进行地表制图、高度测绘以及多普勒导航时，主瓣杂波却是可资利用的回波信号。

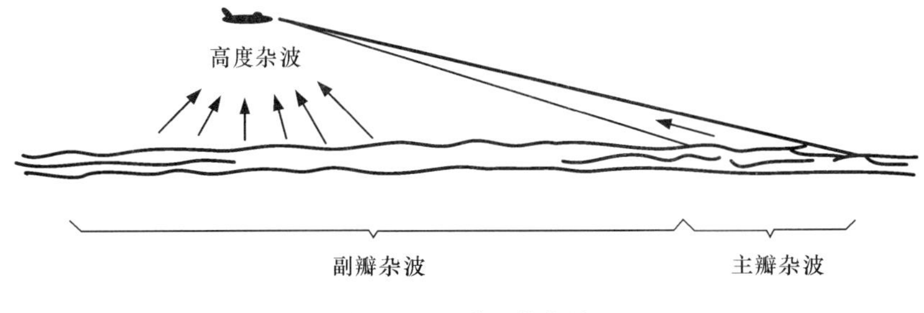

图 5-2　三种地物杂波

（一）主瓣杂波

在任何时候，天线波束的主瓣碰到地面（例如，在俯视的时候或进行低空飞行且没有仰视的时候），都会产生主瓣回波，当该回波是不需要的信号时，即被称为主瓣杂波。鉴于主瓣功率较大，在很远的距离处都有可能接收到主瓣回波，即使在高空天线指向正前方时。

由于主瓣照射到的地面区域很大，而主瓣增益又很高，所以主瓣回波比较集中，通常强度都很强，比来自任何飞机的回波都要强得多，不采取措施便无法检测落入主瓣杂波区的动目标。

由于主瓣杂波的多谱勒频率位置和带宽不仅与雷达载机的速度有关，而且还跟随雷达天线扫描视角的变化而变化，因此必须对主瓣杂波的频率进行跟踪，才能准确地将其抑制掉。

因此抑制主瓣杂波常用的方法是首先确定它的中心多普勒频率位置 f_{ML}，然后用一个混频器先消除此变化的 f_{ML}，这样就可以用一个固定频率的滤波器将其消除。确定主瓣杂波多普勒频率的方法，如图 5-3 所示。采用由天线指向角和载机飞行速度计算的方法求出多普勒频移，然后直接控制压控振荡器（VCO）的振荡频率，使混频后的主瓣杂波频率落入杂波对消器的凹口，从而将主瓣杂波滤除。

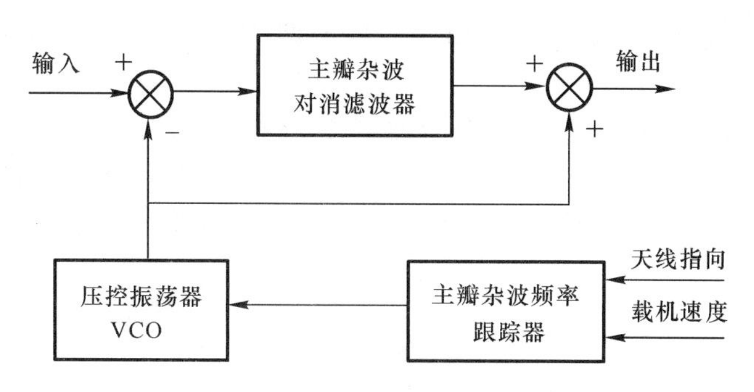

图 5-3　主瓣杂波的滤除方法

（二）副瓣杂波

与主瓣杂波在某些雷达工作模式下（如地图测绘模式）能够带来有用的信息所不同，副瓣杂波总是没用的。除了高度杂波，副瓣杂波远不像主瓣杂波那样集中（单位多普勒频率的功率较低），但它占据的频谱范围却很宽。

如图 5-4 所示，副瓣在所有方向上，甚至在天线的背部，都有辐射功率。因而，不管天线的视角如何，总存在指向前方、后方以及前后之间各个方向上的副瓣。因此，副瓣杂波占据的频带从相应于雷达速度的正频率（$f_{dmax}=2V_R/\lambda$）变化到相等的负频率（小于发射机的频率）。

总的来说，副瓣杂波不仅可以有较大的功率，而且也可以几乎均匀地覆盖较宽的多普勒频带。因此，对目标的检测影响极大。

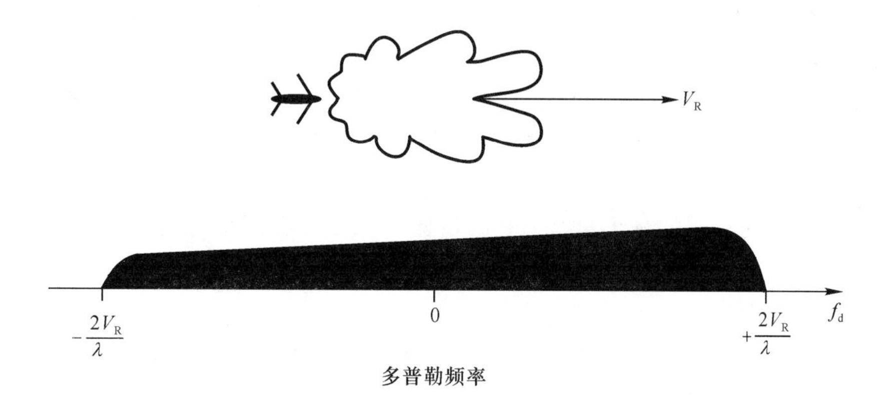

图 5-4　波束副瓣与副瓣杂波频谱范围

有一种减少副瓣杂波影响的方法，那就是对雷达回波首先进行距离上的分辨（距离门选通），则此时目标回波只需要与它所落入相同距离门内的那部分杂波相抗争。这就大大降低了副瓣杂波对目标检测的干扰程度。另外一种办法就是前面介绍过的副瓣消隐技术。在雷达主天线上增设一个小的保护天线，将保护通道的信号和主通道的信号进行比较，对杂波进行消隐。例如，战斗机上的雷达一般均采用副瓣消隐技术，在主天线上设置一个喇叭天线。

除此之外，要想进一步降低副瓣杂波的影响，还必须从天线技术上入手，加大主瓣增益，采用高增益、低副瓣天线，从源头上减少副瓣回波。

（三）高度杂波

高度杂波也是副瓣杂波。在飞机的下方通常存在一个相当大的地面区域，区域内的各点到飞机的距离接近于一个固定值，所以来自该区域的副瓣回波以峰值的形式出现在幅度-距离变化曲线上，如图5-5所示。由于这一回波的传输距离通常等于雷达的绝对高度，所以叫高度杂波。

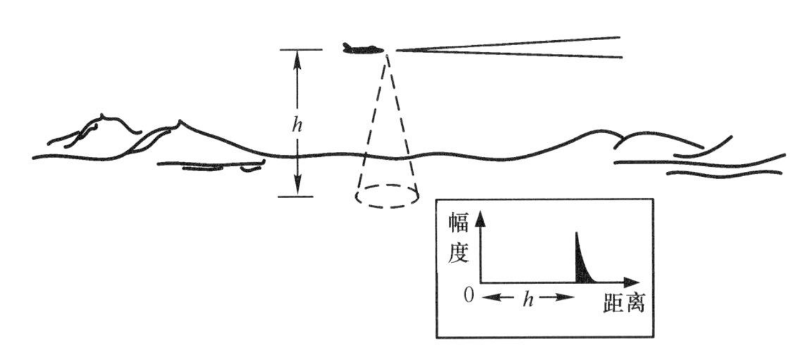

图5-5　高度杂波的产生及其时域波形

在强度上，高度杂波不仅比周围的副瓣杂波要强得多，甚至可能要强于主瓣杂波的强度。这是因为产生高度回波的区域可以相当大，而且区域内的各点到飞机的距离非常接近。再者，副瓣近乎垂直的照射，使地面的反射很强。

显然，由于通常情况下，高度回波的多普勒频谱以零为中心，但是如果雷达高度变化，即当飞机爬升、俯冲或在倾斜的地表上空飞行时，情况就不同了。在飞机俯冲时多普勒频率为正值，飞机爬升时频率则为负值。

尽管强度比较大，高度回波通常也比其他地面回波容易处理。这是因为高度回波来自同一距离处，而且该距离是可以预测的。另外，其频率通常接近零，这也方便对其进行滤波对消。

不过也有不利的一面，对于距离不变的目标（例如，在尾追等速飞行的目标时），由于相对速度为零，多普勒频率也为零，所以其回波也恰好会落到高度杂波里，这种情况下的目标检测将极为困难。

杂波对消抑制技术主要对地面杂波进行滤除，而对于噪声同样不可小觑，相参积累技术就可以有效地抑制噪声，从而提高信噪比。

二、相参积累

当雷达天线扫过特定目标时，接收到的回波脉冲不是一个而是一串（几个或几十个），能不能对这多个回波脉冲加以利用来改善对目标的检测性能呢?

当雷达天线波束扫过一个点目标时，回波脉冲的数目 N_B 为

$$N_{\mathrm{B}} = \frac{\alpha_{\mathrm{B}} f_{\mathrm{r}}}{\dot{\theta}_{\mathrm{S}}} \tag{5-1}$$

式中：α_{B}——天线波束角度，(°)；

$\dot{\theta}_S$——天线扫描速率，（°）/s；

f_r——脉冲重复频率，Hz。

对于常规的机械扫描搜索雷达而言，若脉冲重复频率为2000Hz，天线波束角度为1.5°，天线扫描速率为60（°）/s，则每扫过一次目标回波脉冲数为50个。

通常将搜索状态下天线波束扫过目标时，接收到一串目标回波脉冲的时间称为“目标驻留时间”，即表示搜索状态下单一目标回波的驻留时间。

多个脉冲积累可以有效地提高信噪比，改善雷达的检测能力。

脉冲积累有两种：一种是积累的信号之间有严格的相位关系，即信号是相参的，所以又称为相参积累；反之则为非相参积累。

为改善检测，将驻留时间内接收的多个回波脉冲相加的过程，就是脉冲的积累。无论是用人工观察显示器还是用自动的电子设备进行检测，都不是依靠一个回波脉冲，而是依靠多个回波脉冲的积累来发现目标的。积累可用专门的积累设备来完成，或者不用专门设备，如平常见到的一种积累就是显示器荧光屏余辉的积累作用。

为什么积累能改善雷达的检测性能呢？这是因为噪声是随机的，从显示器的一个扫掠周期到下一个扫掠周期之间，噪声是不相关的，而回波信号则是几乎固定下变的，所以多次扫掠积累以后，噪声得到平均而突出了信号，使识别系数降低，从而改善了雷达的检测性能。图5-6、图5-7分别为随机噪声和回波信号的积累效果示意图。

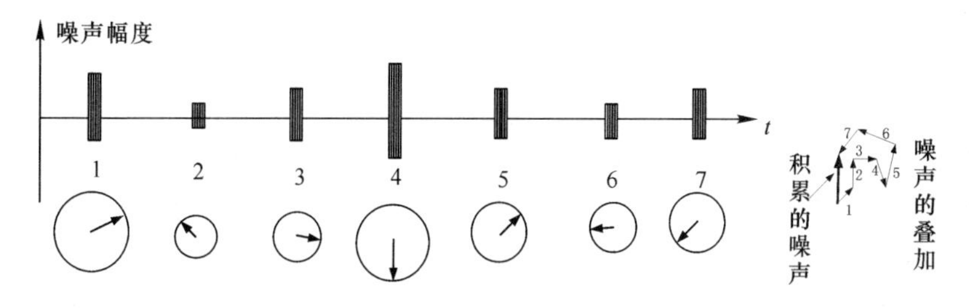

图5-6　随机噪声的积累效果

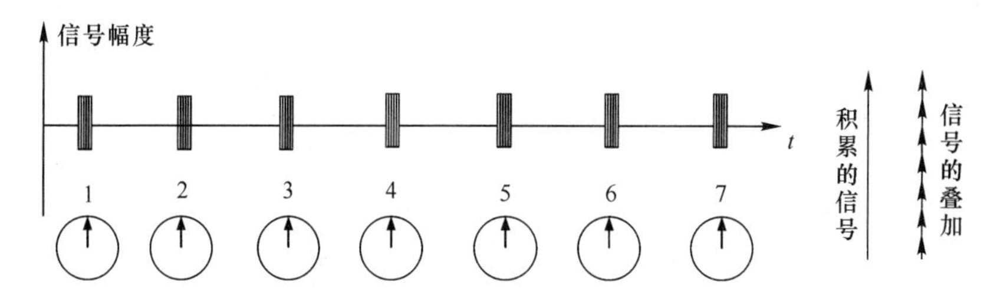

图5-7　回波脉冲信号的积累效果

将M个等幅相参中频脉冲信号进行相参积累，可以使信噪比（S/N）提高为原来的M倍。这是因为相邻周期的中频回波信号按严格的相位关系同相相加，因此积累相加的结果信号电压可提高为原来的M倍，相应的功率提高为原来的M^2倍，而噪声是随机的，积累的效果是平均功率相加而使总噪声功率提高为原来的M倍，这就是说相参积累的结果可以使输出信噪比（功率）改善达M倍。

脉冲多谱勒雷达的信号处理是实现相参积累的一个很好实例。

M 个等幅脉冲在包络检波后进行理想积累时，信噪比的改善达不到 M 倍。这是因为包络检波的非线性作用，信号加噪声通过检波器时，还将增加信号与噪声的相互作用项而影响输出端的信号噪声比，特别当检波器输入端的信噪比较低时，在检波器输出端信噪比的损失更大。非相参积累后信噪比（功率）的改善在 M 和 $\sqrt{M}$ 之间，当积累脉冲数 M 值很大时，信噪功率比的改善趋近于 $\sqrt{M}$。

无论是杂波对消还是相参积累，都是为了能够降低无用信号对目标回波的干扰，如何有效地检测出目标，并保证虚警率一定呢？下面来介绍恒虚警检测技术。

三、恒虚警检测

假定一个小目标正从很远的地方向一部多普勒搜索雷达靠近。开始时，目标回波极其微弱，以至于完全淹没在背景噪声中。

人们最初可能会认为提高接收机增益可以把回波从噪声中提取出来。但是，接收机是把噪声和信号一起放大的，所以提高接收机增益的办法解决不了问题。

天线波束每次扫过目标时，雷达都会接收到一串脉冲，雷达信号处理机的多普勒滤波器会把包含在这个脉冲串中的能量累加起来。因此滤波器输出的目标信号非常接近于天线波束照射目标期间所接收到的总能量。刚开始时，在滤波器中积累的噪声能量和信号能量叠加在一起，无法区分开来。

随着目标距离的减小，积累信号的强度随之增加，但噪声的平均强度大致保持不变。最后，信号会增强到足以超过噪声而被检测出来。

如何判断有无目标呢？如果积累后的信号加噪声超过某一个确定门限，检波器就判决有目标，同时在显示器上出现了一个明亮的目标信号。反之，显示器上就没有任何亮点。

（一）门限检测

当仅有随机噪声时，偶尔也会出现噪声电平超过门限的情况。此时检测器会错误判断为发现目标，这种情况就叫虚警，如图 5-8 所示。产生虚警的机会大小被称为虚警概率。检测门限与噪声平均能量电平相比越高，虚警概率就越低，反之亦然。

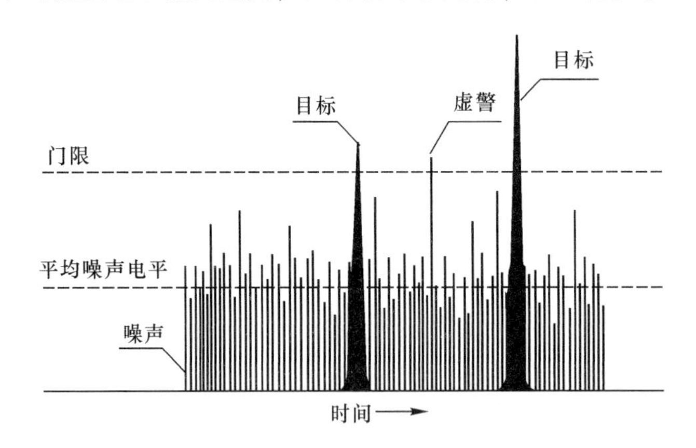

图 5-8　使用较低的门限进行目标检测

显然，门限的设置至关重要，如果门限太高，本来可以检测到的目标就可能无法发现，造成目标漏报，如图5-9所示。如果门限太低，则虚警太多。最佳设置是刚刚高于平均噪声电平，使虚警概率不超过允许值。由于噪声电平以及系统增益可能在很大的范围内变化，因此应当连续监测雷达多普勒滤波器的输出，以保证最佳的门限值设置，也就是说，需要门限值能够自适应变化。

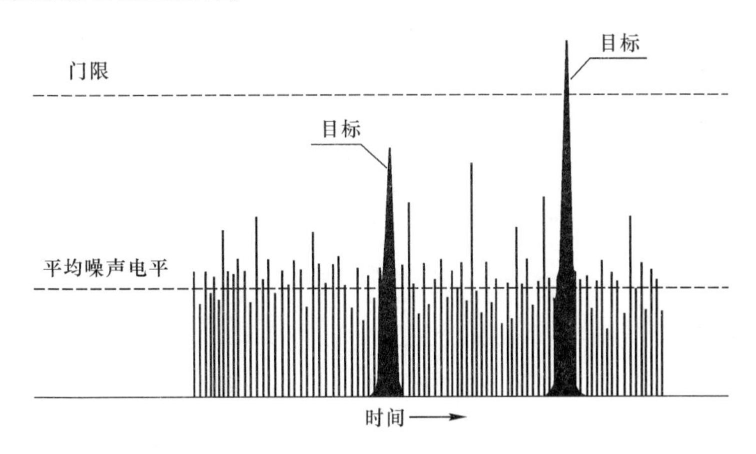

图5-9　使用较高的门限进行目标检测

雷达需要尽可能地把门限设置得保持每个检测器的虚警率为最佳值。如果虚警率太大，就提高门限；如果虚警率太小，就降低门限。因此，自动检测器也称为恒虚警率（CFAR）检测器，即在检测时保持虚警的概率恒定。

（二）恒虚警检测

要求雷达能够在比热噪声更为复杂和不确定的电子背景环境中检测目标的存在，并保持受控制的虚警概率，便需要采用自适应门限检测电路。使得在没有目标存在时，利用自适应门限检测电路来估测接收机噪声的输出，产生相应的门限电平，以保持一个恒定虚警概率，这种信号处理便称为恒虚警处理。

事实上，采用恒虚警处理不仅仅是为了应对雷达内部的噪声，有时候，地物、雨雪和海浪等杂波干扰，还有敌方施放的有源和无源干扰，其强度常比内部噪声电平高很多。从这些强干扰中提取信号，不仅要求有一定的信噪比，而且必须对信号作恒虚警处理。这是因为，在检测系统里，对于固定的检测门限，如果干扰电平增大几个分贝，虚警率就会大大增加，虚假“目标”过多，这时虽有足够大的信噪比，也不可能做出正确判决。用显示器观察也一样，在画面上呈现饱和的大片杂波亮斑里，不可能发现其中的真实目标信号。

常用的雷达信号恒虚警处理可分为两大类，即慢门限恒虚警处理和快门限恒虚警处理。它们可以用模拟电路实现，也可以用数字技术实现。慢门限恒虚警处理用于热噪声环境，快门限恒虚警处理用于杂波干扰环境。

图5-10为某雷达数字式慢门限恒虚警处理的原理框图，它是一种闭环式电路，它是直接检测输出噪声的虚警率，通过和预置虚警率比较，根据偏差情况自动调整门限，使实际虚警率等于预置虚警率。

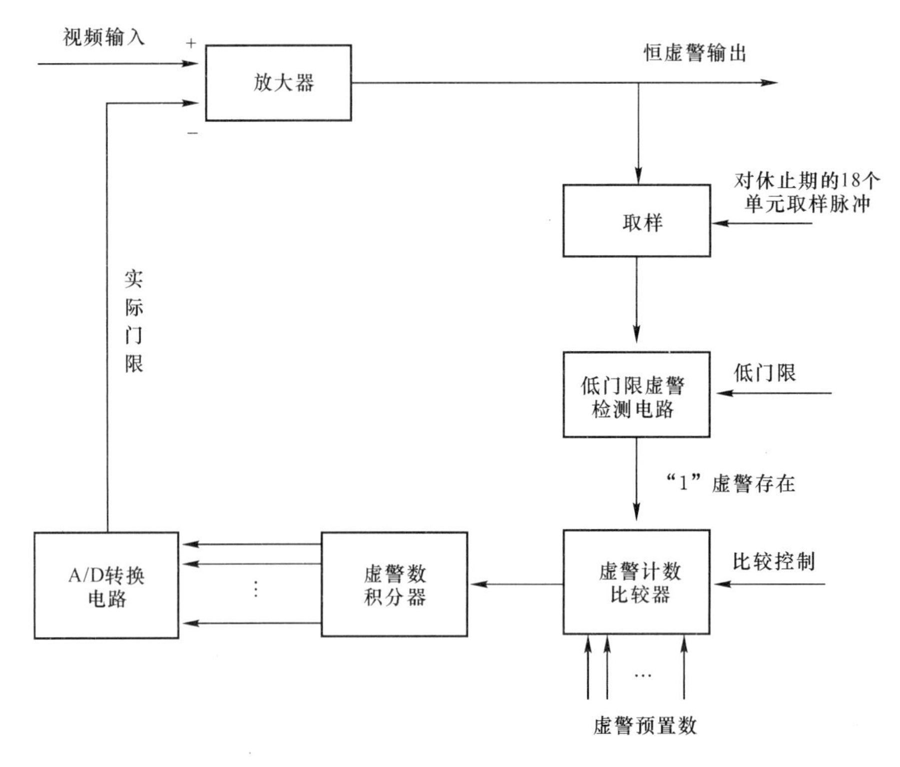

图 5-10　数字式慢门限恒虚警处理的原理框图

如上所述，该电路能够使输出虚警率恒定，并保持实际虚警率等于预置的虚警率。如果输出虚警率增大了一些，则通过低门限虚警检测电路输出的虚警数将大于预置虚警数，于是比较器输出"+1"，积分器输出也变更"+1"，经模数转换后使实际门限提高一个单位电压 ΔV 加到放大器，使输出虚警率降低，经若干周期后，至实际虚警数等于预置虚警数方才停止。反之，调节过程也类似。在一般雷达里，热噪声的变化是相当缓慢的，采用图 5-10 的方案比较合适。总之，恒虚警检测本身不能提高检测信噪比，但它能保证在虚警率一定的情况下，尽可能地发现目标。发现了目标之后，如何提取其相关信息呢？对于现代机载雷达而言，大多采用多普勒频率滤波技术在频域来检测和提取目标。

四、多普勒频率滤波

根据多普勒效应，回波信号的多普勒频率与目标相对径向速度成比例。因此，多普勒频率中携带有目标的速度信息，只要能够检测出多普勒频率，就可以提取目标的相对径向速度。

雷达怎样才能从同时接收到的许多不同目标的回波中，根据多普勒频率的差别，将其分离开来呢？对回波信号多普勒频率的检测，概念上它是十分简单的。将接收到的回波信号作用于通称为多普勒滤波器的滤波器组，每个滤波器都设计成窄通带，只要接收信号的频率落入这个窄带时，滤波器就会产生输出，如图 5-11 所示。

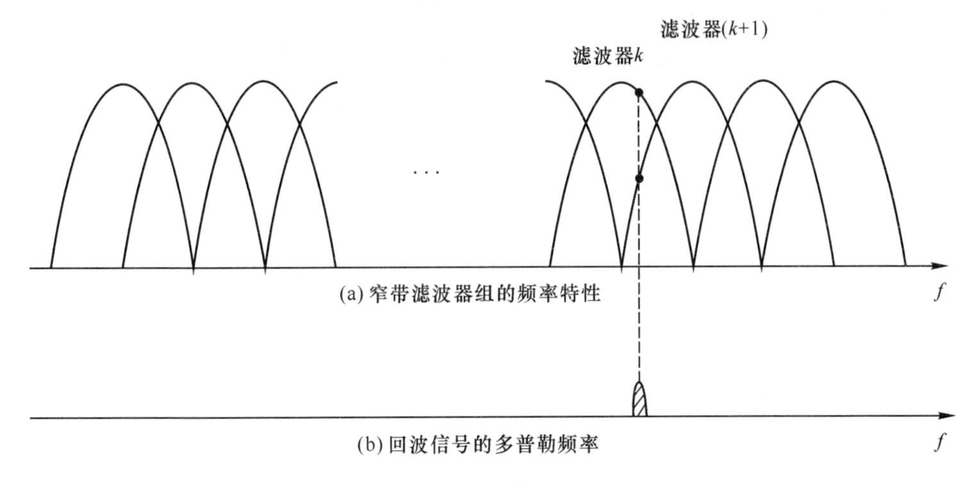

图 5-11　窄带滤波器组的频率特性

滤波器组中从低端到高端，每个滤波器的调谐频率逐渐升高。为了降低由于相邻滤波器跨在一个目标频率上所造成的信噪比损失，各滤波器的中心频率要靠近些，以使通带部分重叠。

整个窄带滤波器组的通带或者说其覆盖的频率范围，一般由输入信号的频率范围来决定。

多普勒滤波器组中的滤波器可以用模拟或数字技术实现。两者完成的功能基本相同，区别只是在实现方法上不同。

模拟滤波器实质上是一种调谐电路。滤波器组中的滤波器其实就像一台无线电收音机，假如将收音机的接收频率调到某一电台的频率，如果有广播，就说明出现目标，目标的多普勒频率就是收音机的接收频率；反之，如果没有广播，则说明没有目标。

数字滤波器是用专用数字计算机的逻辑来实现的，计算机以数字方式完成滤波运算的这种处理称为用数字多普勒滤波。

五、脉冲压缩

脉冲压缩的概念始于第二次世界大战初期，由于技术上实现的困难，直到 20 世纪 60 年代初才开始在远程雷达上使用。20 世纪 70 年代以来，由于理论上的成熟和处理技术实现手段的日趋完善，脉冲压缩技术开始在各种雷达中广泛应用，明显改进了雷达的性能。

脉冲压缩采用增大发射脉冲宽度的方法来提高发射信号能量，而对接收的宽脉冲回波信号进行压缩，保证一定的距离分辨力。所以脉冲压缩是一种提高脉冲雷达作用距离的技术方法，同时还能够保证足够的距离分辨能力。

一般地，雷达发射信号能量越强，探测的距离就会越远。因此决定雷达探测距离的是信号能量 E。对于脉冲雷达来说，发射脉冲信号的能量 $E=P_t\tau$，其中，P_t 为脉冲峰值功率，τ 为发射脉冲宽度。当要求雷达的作用距离增大时，应该增大发射信号的能量 E。

而要增大发射脉冲信号能量，首先想到的办法就是增大发射机的输出功率。但对于机载雷达的发射机，增大峰值功率受到诸多限制。而在发射机平均功率允许的条件下，增大

脉冲宽度 τ 成为增大发射脉冲信号能量的一种有效途径。

但是，在简单的矩形脉冲条件下，由于脉冲宽度 τ 直接决定距离分辨力，τ 越大，距离分辨力越小，所以脉冲宽度 τ 的增加会受到明显的限制。因此，提高雷达的探测距离和保证必要的距离分辨力这对矛盾，在简单的发射信号脉冲中很难解决，这就有必要去寻找和采用较为复杂的信号形式。

有两种脉冲压缩方法，一种是线性调频脉冲压缩，一种是相位编码脉冲压缩。

图 5-12 所示为某种频率调制脉冲压缩信号。左边是发射的宽脉冲信号，脉冲内部使用了线性调频，也就是说，其频率随时间线性增加，脉冲的时域宽度较大。而在经过接收机内的脉冲压缩滤波器匹配滤波后，该线性调频信号变为单一载频，时域上变为一个较窄的脉冲信号。该信号虽然带有副瓣，但能实现较好的距离分辨力。

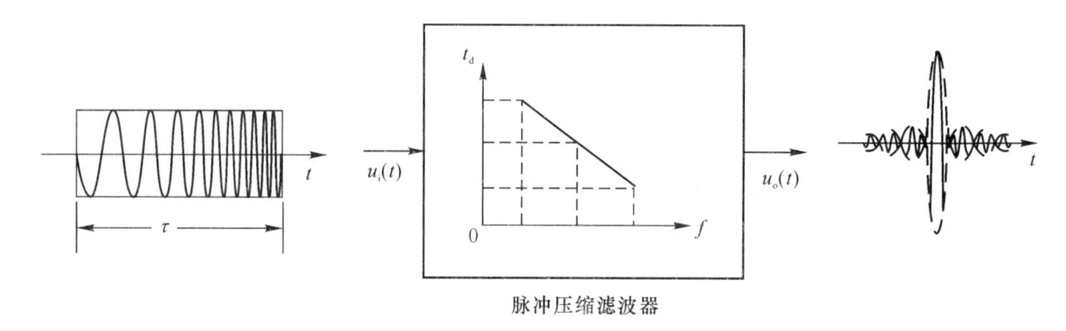

图 5-12　脉冲压缩滤波器的输入输出波形

以上讨论的线性调频信号，采用脉宽内调频的方法，来增大时宽频宽积，从而解决雷达探测距离和距离分辨力的矛盾。同样采用脉宽内调相的方法也可实现这个目的。

其中，采用相位编码信号较多，下面我们以二相编码为例来说明其脉冲压缩原理。

与线性调频不同，相位编码是将宽脉冲分为许多短的子脉冲，这些子脉冲宽度相等，但其载频各以特殊的相位发射。

下面我们以 N=7 的巴克码信号为例来说明接收机对此信号匹配滤波的原理。图 5-13 是 N=7 的二相编码信号；每个子脉冲的载频相位是依照编码来排定的，一个宽脉冲信号被分成 N 个宽度为 τ_1 的单元，每个单元被“+”或“-”编码，其中“+”表示正常的载波相位，“-”表示载波相位相移 180°。图 5-13 所示的宽脉冲相位编码序列为+++--+-。

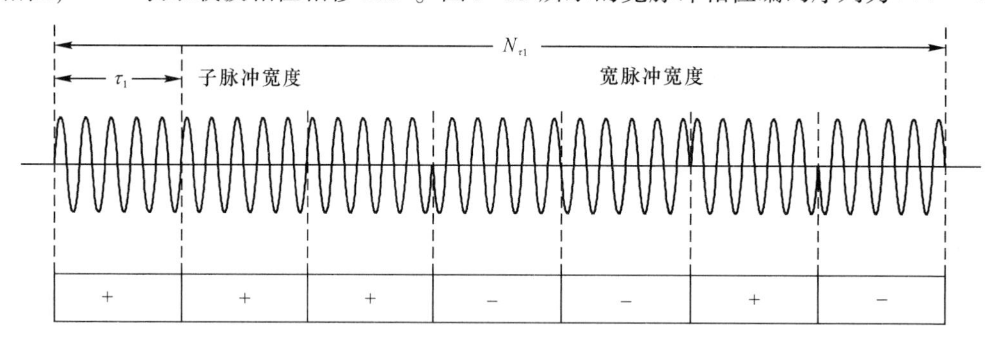

图 5-13　7 单元相位编码信号

相位编码脉冲压缩原理如图 5-14 所示，图中，每个子脉冲经过延迟脉冲宽度 τ_1，分别经加权处理后送到相加器。加权处理表示信号的相位乘以+1 或-1，+1 表示相位不变，-1 表示相位倒相 180°。在 $N=7$ 的情况下，输出按顺序以：-1、+1、-1、-1、+1、+1、+1 进行加权处理（同信号的相位编码序列相反）。7 路经加权处理后的信号经相加器相加，即可得窄脉冲信号输出。

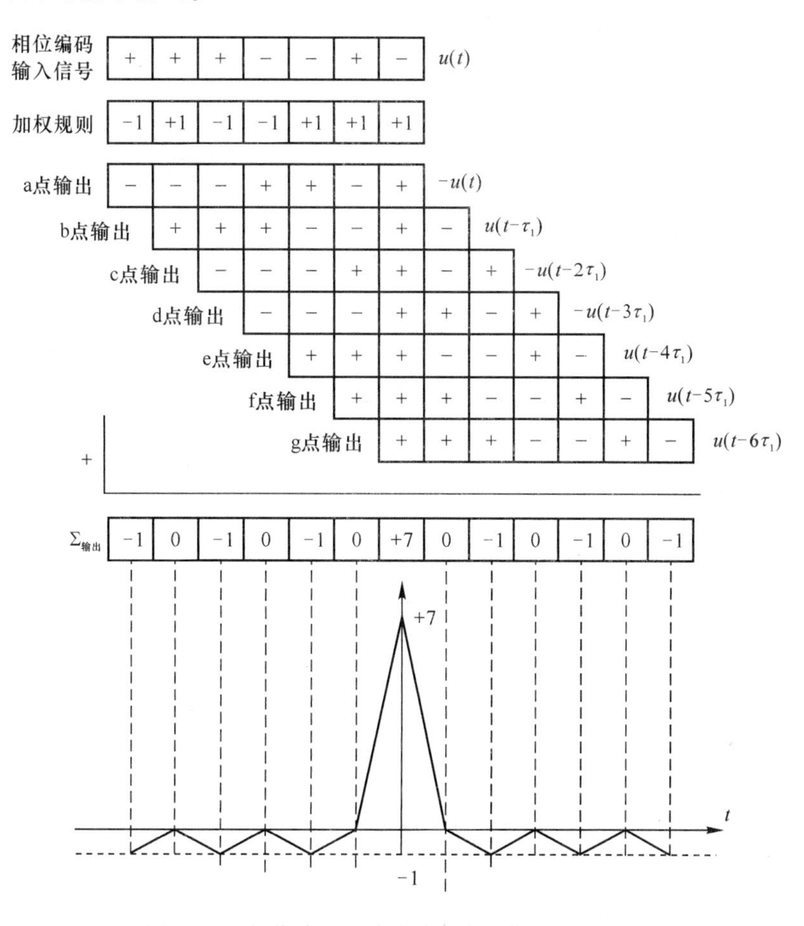

图 5-14　相位编码压缩滤波器中的信号处理过程

从图中所示的信号处理过程可以看出，输出脉冲的幅度增加了 N 倍，而脉冲宽度缩小了 N 倍，这就实现了脉冲压缩。

六、合成孔径成像

机载雷达的一种日益重要的用途，就是做出具有足够高的分辨力的雷达地图，使之能够识别地面上的地形、地貌以及感兴趣的目标。可以说精确的地图测绘能力已经成为现代机载火控、预警、导航雷达必备的能力之一。机载火控雷达应用所需的地图分辨率一般需在 35m 以下，甚至于到 1m 或 2m 这样小。这种分辨率对距离维来说容易实现（脉冲压缩技术）；但对方位维来说，真实波束测绘成像难以实现。

（一）真实波束测绘的方位分辨力

利用雷达进行地图测绘时，其方位角度上的线分辨力不仅与天线的波束宽度有关，而且与目标的距离有关，如图 5-15 所示。在距离 R 处的天线方位线分辨力 ρ_α 为

$$\rho_\alpha \approx R\theta_{0.5} = \frac{\lambda}{D} \cdot R \tag{5-2}$$

式中：R——目标的斜距，m；

λ——雷达的工作波长，m；

D——天线方位向孔径，m。

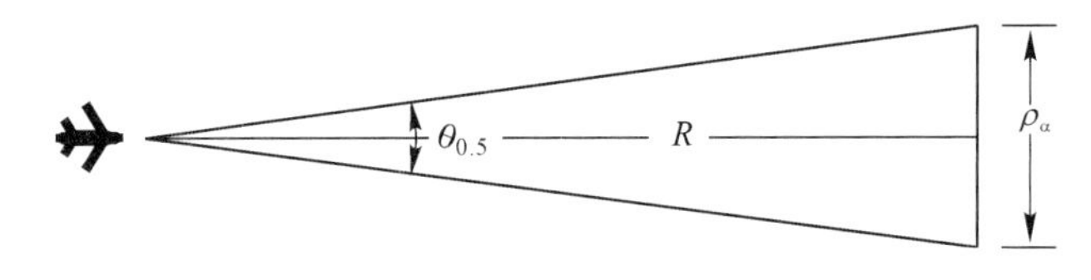

图 5-15　方位线分辨力

上式说明，在斜距 R 一定的情况下，要提高方位线分辨力只有两条技术途径：一是采用更短的波长，二是增大天线口径，但是这两个技术途径都是有限度的。在大气层中，由于更短的波长衰减严重，因此远距离地图测绘的实际最短波长大约为 3cm。在机载应用时，雷达天线的尺寸通常受飞机尺寸的严格限制。

例如某高空侦察机飞行高度为 20km，用一部 X 波段（λ=3cm）侧视雷达进行地图测绘，如图 5-16 所示。

设飞机雷达天线的方位向孔径（即飞机飞行方向的天线长度）为 4m，则根据式（5-2）可以计算航迹 35km（此处目标斜距 R 约为 40km）处的方位线分辨力为

$$\rho_\alpha \approx R\theta_{0.5} = \frac{\lambda}{D} \cdot R = \frac{0.03}{4} \times 40000 = 300\text{m} \tag{5-3}$$

显然 300m 的方位分辨是不能满足测绘的应用需要的。只有将分辨提高 30m 以下才会有实际意义。但这样天线的方位向孔径将需增加到 400m 以上才能实现。显然这样大孔径的天线，对机载雷达来说是根本行不通的。

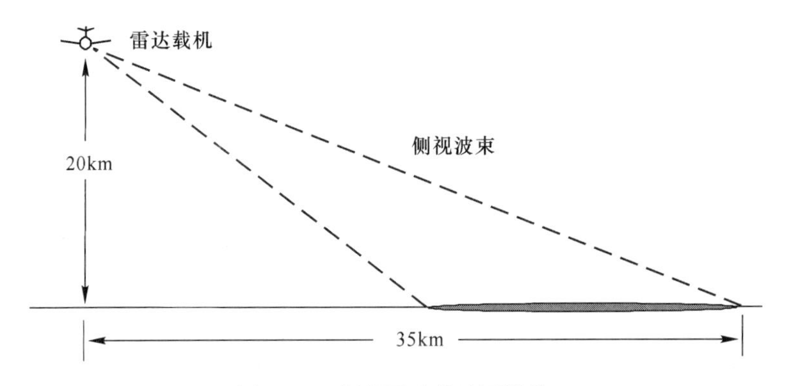

图 5-16　侧视雷达的地图测绘

(二) 合成孔径成像的方位分辨力

对于大孔径天线来说，它之所以能形成窄波束，从而得到高的分辨力，是因为天线中的每一个小单元天线所接收的电波叠加的结果，如图 5-17 所示。

合成孔径成像采用合成的方法来等效增大天线的孔径尺寸，孔径越大，波束越窄，地图测绘的方位分辨力就越高。

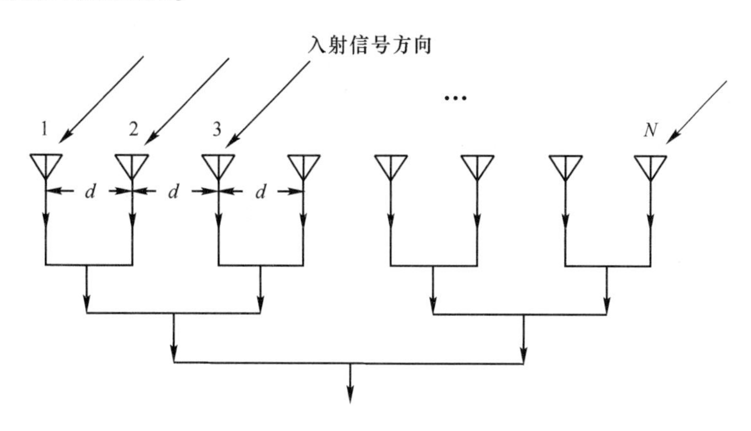

图 5-17　N 个单元的线阵天线

假如不用这么多的实际小天线，而是只用一个小天线，让这个小天线在一条直线上移动，如图 5-18 所示。

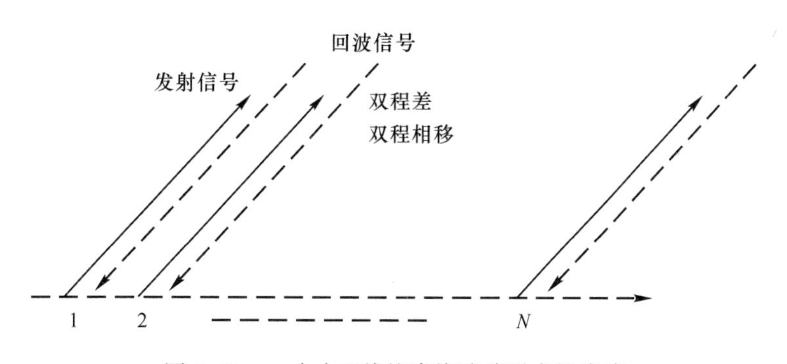

图 5-18　一个小天线按直线移动形成的线阵

小天线发出第一个脉冲并接收从目标散射回来的第一个回波，把它存储起来后，就按理想的直线移动一定距离到第二个位置；小天线在第二个位置上再发一个同样的脉冲波（这个脉冲与第一个脉冲之间有一个由时延而引起的相位差），并把第二个脉冲回波接收后也存储起来。以此类推，一直到这个小天线移动的直线长度相当于阵列大天线的长度时为止。这时候把存储起来的所有回波（也是 N 个）都取出来，同样按矢量相加的方法加起来。用这样的物理模型是不是也可以做到方向性很好、分辨力很高呢?

这一概念应该说是合理的，因为它和原来的线阵天线比较，无论在物理模型和数学方法上没有本质上的不同。区别仅在于：原来的线阵天线，各个小天线元接收到的信号是同时相加的。而现在是先把小天线在不同位置所接收到的信号依次存储起来，然后再取出来相加，增加了一个存储和取出过程。这个概念不但是正确的，而且带来了技术上的重大突破。这就是合成孔径或合成天线的概念。

理论和工程实践证明在合成孔径情况下，方位分辨力 $\rho_\alpha = D/2$，即合成孔径方位分辨力等于实际小天线孔径的一半，并且与波长 λ 和目标所在位置的斜距 R 无关。得出上述合成孔径的概念和结论的关键问题是对信号的处理。

第一步是聚集处理。对每一个回波信号进行相位调整，使得在合成孔径长度范围内目标反射回来的信号相为都相同，这样的相位调整称之为“聚焦”。这是因为从点目标到达小天线的各个不同位置的回波信号的相位是不一样的，但是我们可以把回波信号的相位加以处理，使之同相。

第二步是信号相加。把经过相位处理并存储起来的信号取出来，进行相加，这就能在某一方向得到最大的信号幅度。用天线方向性的概念来说，同相相加的结果就是能形成波束很窄、方向性很好的波瓣图，相应地就能得到很好的对目标的分辨性能。

复习思考题：

1. 信号处理的主要任务是什么？
2. 空–空探测与空–地地图测绘信号处理的主要区别是什么？
3. 为什么要采用脉冲压缩？脉冲压缩包括哪几种类型？
4. 简述多普勒滤波原理？数字多普勒滤波是如何实现的？
5. 什么是虚警？如何实现恒虚警检测？
6. 脉冲积累有什么作用？相参和非相参积累的区别在哪里？
7. 什么是合成孔径技术？合成孔径的目的是什么？

第六章　数据处理技术

学习提示：本章主要介绍了数据处理的任务、指标要求、基本信号流程以及应用的主要数据处理技术。通过阅读，读者应了解数据处理的主要技术，熟知空-空、空-面模式下数据处理的基本流程，并掌握目标的跟踪和滤波技术。

数据处理系统是整个雷达的控制中心。数据处理系统主要完成对雷达数据的二次加工处理，完成目标距离、速度的解模糊，跟踪状态的数据处理和控制、抗干扰处理，以及对外部的通信和雷达工作状态的控制与自检等。此外，数据处理机还能够对雷达的所有操作进行监视和管理。

第一节　主要性能指标

数据处理系统的主要任务是：采用一定的算法对信号处理系统输出的目标点迹进行相关滤波处理，删除虚假的点迹信号，形成目标的航迹，并发送给显示控制系统；响应显示控制系统的人工干预，控制整个雷达系统的运行，并根据工作方式和数据处理的需要选择信号波形（低、中、高脉冲重复频率，即 LPRF、MPRF、HPRF）、波束指向（相控阵雷达）以及其他工作参数。雷达数据处理机对雷达各分机进行工作控制，并完成各种常规运算。

数据处理机一方面监视控制面板上选择开关的位置，以及从飞机航电系统发来的控制指令；另一方面规划功能选择，并接收来自飞机惯性导航系统的信息。在雷达搜索期间，控制天线的搜索方式和扫描图形，并对信号处理机检测到的信号数据进行解模糊处理，并控制目标截获。在雷达自动跟踪时，数据处理机计算跟踪误差，实现对目标距离、角度和速度的跟踪。其主要技术体现在以下指标要求上。

一、目标点迹处理能力

点迹处理能力是指数据处理机处理来自信号处理机的点迹数和维持已有航迹的能力，主要用来衡量数据处理机的处理速度和数据吞吐能力。这点在机载预警雷达中显得尤为重要，因为机载预警雷达的主要作用是指挥空战，需要引导几十架到上百架战斗机进行空中作战，要有很强的计算机硬件处理能力，否则会出现计算机运算能力饱和而导致整个系统瘫痪。在机载预警雷达中，一般要求有几百批的航迹和近千批的点迹处理能力。

二、虚航迹率

虚航迹率通常以每分钟出现的虚假航迹数来定义。用来表示经过数据处理后，仍不能有效删除信号处理机送来的虚假点迹而成为虚假航迹的概率。虚假航迹的产生既与信号处理机送出的虚假点迹有关，也与数据处理机删除虚假点迹的能力有关，特别是和数据滤波算法、相关波门参数的选择有关。当然，可以缩小相关波门使虚航迹率降低，但这也会使正常的航迹不能有效地相关，因此需要综合考虑。

三、跟踪精度

通过数据处理不仅可以形成目标航迹，而且还可以使目标航迹的参数，如距离、速度等在点迹精度的基础上有所提高，同时也可以获得点迹参数所不具备的参数，如航向等。

第二节　基本组成

一般地，数据处理机由目标预处理计算机、目标航迹处理计算机以及航电接口处理计算机等构成主要设备。这些计算机的硬件及接口可以完全相同，并通过数据总线进行交联，可以并行工作，也可以形成主从结构。雷达数据处理机与多路总线接口模块、信号处理模块、视频处理模块以及伺服控制或波束扫描模块也通过数据总线相互交换数据信息。其主要组成框图如6-1所示。

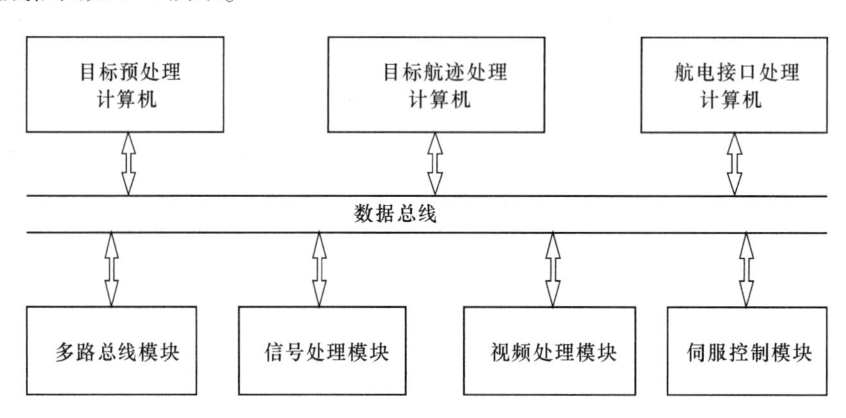

图6-1　数据处理机组成方框图

目标预处理计算机主要完成目标数据的预处理，进行滑窗检测，获取目标的点迹。它同信号处理机交换数据。

目标航迹处理计算机主要完成目标的航迹处理，包括航迹相关、航迹外推等。同时还完成伺服波束控制，如空域稳定计算等。

航电接口处理计算机主要完成与航电系统的接口，根据雷达的工作方式形成伺服扫描图形，同时对雷达显示的画面进行管理等。

第三节　跟踪与滤波技术

一、模糊解算

（一）测距模糊及其解算

1. 距离模糊

所谓目标距离模糊，是指检测出来的目标距离数据不一定是目标的真实距离数据，对此我们以图6-2来说明距离数据模糊。

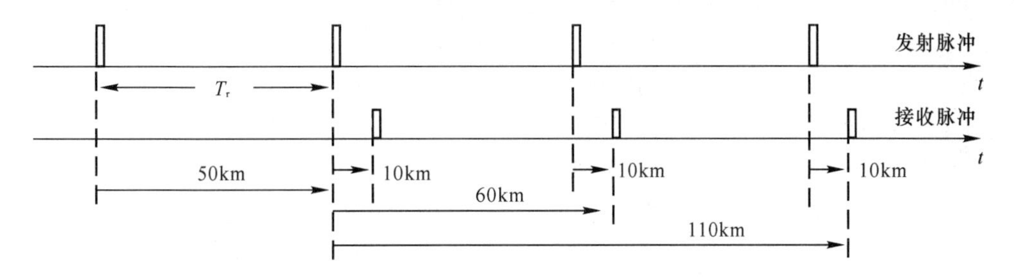

图6-2　距离模糊示意图

假设雷达脉冲重复周期 T_r 对应50km，而目标回波来自60km处的一个目标。由于回波信号的传播时间比重复周期 T_r 大 $0.2T_r$，因此第一个发射脉冲的回波要等到第二个发射脉冲发射出去 $0.2T_r$ 之后才能收到，其余类推，如图6-2所示。

对采用延时法测距的雷达来说，在信号检测的时间窗口 T_r 里，显然此目标的距离只有10km，但是此目标的距离究竟是10km，还是60km，或是110km，不能够直接说明。因此这个目标对雷达来说，其距离是模糊的，或者说在信号检测时间窗口测出的目标视在（观测）距离数据，并不一定是目标的真实距离数据。

单一目标回波距离模糊的程度一般用往返传播时间所跨越的脉冲周期数来衡量，也就是用目标的回波是在其对应的发射脉冲之后的第几个脉冲周期收到来衡量。第一个发射脉冲周期内即能收到的回波称为单次发射周期回波，而在以后的各个周期内才能收到的回波称为多次发射周期回波。

对于某一给定的脉冲重复频率（PRF），能够收到的单次反射回波的最大距离称为不模糊距离，一般用 R_u 表示。用公式表示为

$$R_u = \frac{c}{2}T_r \tag{6-1}$$

可以看出，重复周期越短，脉冲重复频率（PRF）越高，雷达不模糊距离越近，则雷达接收的目标回波的距离模糊程度越重；脉冲重复频率（PRF）越低，不模糊距离越远，目标回波发生距离模糊的程度越轻。

当存在距离模糊时，目标的真实距离可表示为

$$R=\frac{c}{2}(mT_r+t_r) \tag{6-2}$$

式中：m——整数，称为距离模糊值，表示距离模糊的程度。

因此在检测出目标的视在距离数据后，还需要进一步进行数据处理，才能得到目标的真实距离数据，这种处理称之为解模糊处理。

2. 解距离模糊方法

脉冲雷达解决距离模糊的方法，通常是 PRF 转换法，根据不同 PRF 时测得的视在距离值，采用计算的方法求解目标的真实距离和速度值。通常采用二重或三重 PRF 解决距离模糊问题，下面我们先以二重 PRF 为例说明其解决距离模糊的基本原理。

为了构成一个有效的多重脉冲重复频率来实现目标真实距离的测定，选择脉冲重复频率时，一般按照互为质数的原则（互为质数就是没有公约数），即选择一个 N 和两个相邻的数 $N+1$ 和 $N+2$（N 指一个重复周期内被分割的距离单位个数）

$$\begin{cases}T_{r1}=1/\mathrm{PRF}_1=N\tau\\T_{r2}=1/\mathrm{PRF}_2=(N+1)\tau\end{cases} \tag{6-3}$$

式中：τ——距离单元单位，s。

设目标的距离为 T_r，在存在距离模糊的情况下，其在 PRF_1 重复同期的视在距离为 A_1，在 PRF_2 重复同期的视在距离为 A_2，那么，目标真实的延迟时间 t_r（对应目标的距离）可表示为

$$\begin{cases}t_r=nT_{r1}+A_1\\t_r=mT_{r2}+A\end{cases} \tag{6-4}$$

式中：n，m——整数。

依据测量值 A_1、A_2 和 T_{r1}、T_{r2}，由上述两方程可以采用各种不同的 n 和 m 计算 t_r 的试探值，找出两组 t_r 值中相等的值。例如，图 6-3 表示二重 PRF 情况下目标的视在距离。图中 $T_{r1}=11\tau$，$T_{r2}=12\tau$ 则根据上述两式计算目标的距离可能值如下

$$\begin{cases}t_{r1}=(6,\ 17,\ 28,\ 39,\ 50,\ \cdots)\tau\\t_{r2}=(3,\ 15,\ 27,\ 39,\ 41,\ \cdots)\tau\end{cases} \tag{6-5}$$

比较式（6-5）的计算值可知目标的距离 $t_r=39\tau$。

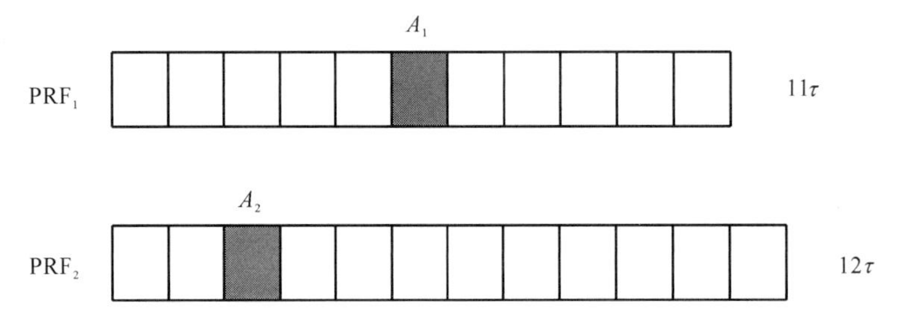

图 6-3　两重 PRF 时目标的视在距离位置图

PRF 转换方法也要付出代价，每个附加的 PRF 不仅减少了回波积累时间（因而降低了探测距离），而且还增加了系统的复杂性。因此，实际使用 PRF 的个数是这些代价之间的折中。

对大多数战斗机应用来说，PRF 数都取得足够低，以保证 PRF 的转换切实可行，一般只用三个 PRF。

（二）测速模糊及其解算

对脉冲雷达来说，对回波信号多普勒频率进行频域检测，FFT 所等效的窄带滤波器组的频带宽度等于雷达的脉冲重复频率（或者说频域检测窗口的宽度为 f_r）。这样，当回波信号的多普勒频率大于脉冲重复频率时，将会发生测速模糊；当回波信号的多普勒频率等于脉冲重复频率的整数倍时，将造成盲速。

速度模糊（多普勒频率模糊）与距离模糊相似，是指检测出来的目标速度数据不一定是目标的真实速度数据。

采用 PRF 转换法也可以用来解决速度模糊问题，其方法与解距离模糊的方法基本相同。

当 n 值确定后，目标的真实多普勒频率为

$$f_d = nf_r + f_{d0} \tag{6-6}$$

式中：f——PRF 转换前的重复频率值，Hz；

f_{d0}——转换前测量的视在多普勒频率值，Hz；

n——整数。

二、边扫描边跟踪

在很多情况下，在雷达连续跟踪目标的同时，还必须继续对空间进行扫描搜索。这种工作状态称为边扫描边跟踪状态。边扫描边跟踪雷达（TWS）包括地面监视雷达、多功能机载雷达和相控阵雷达，而且常要求边扫描边跟踪雷达能够同时跟踪多个目标。

一般地，边扫描边跟踪雷达是在不断地扫描的基础上跟踪目标，能自动提供多个目标的状态数据，即实现对多个目标的跟踪。而在相控阵雷达中，则可在短暂停顿扫描的基础上进行多个目标的跟踪。

（一）边扫描边跟踪的流程

在 TWS 状态下，雷达天线一般在方位上用机械或电的方法进行连续地慢速扫描，在俯仰上通常采用电扫的方法进行快速扫描。在一次扫描中可能收到多个目标的回波信号，它们的状态数据各不相同。由于方位扫描速度较低，取样周期较长，因此，在两个相邻取样周期内，每一个目标的位置、速度均会有较大的变化。为了能对每一个运动目标进行跟踪，在收到被跟踪目标回波数据的同时，必须对下一次取样时该目标可能具有的位置、速度等状态数据进行预测，以便使跟踪波门在下次取样时，基本上能和该目标回波位置重合。这样，就实现了对目标边扫描边跟踪的任务。如果系统能连续地提供多个目标状态数据的预测和估值，这样就可解决对多个目标的搜索和跟踪问题。

由于边扫描边跟踪的取样周期较长，在一次扫描中录取并存储了 M 个目标的状态数据（也称为目标的跟踪航迹），而在下一次扫描中可能录取 N 个目标跟踪航迹。在这一次的 N 个跟踪航迹与上一次的 M 个跟踪航迹中，必须判断哪些是属于同一目标，哪些目标已丢失，哪些目标是新出现的，这就构成了 TWS 系统中的一个特殊问题，即目标的相关和互联问题。这个问题不解决，就无法实现对多个目标的跟踪，必然产生目标的混淆。

因此，边扫描边跟踪的主要工作过程包括三个方面：一是对目标空间位置的自动测

量；二是对目标的跟踪、估值和预测；三是对多目标跟踪情况下的目标关联。

TWS 处理是机载火控雷达、机载预警雷达最常用的数据处理方式。TWS 是指在跟踪已被检测到的目标的同时，搜索新的目标。跟踪目标的过程实际上是确认目标的航迹，包括它的历史和将来的趋势，对将来航迹的预测有助于提高测量精度和截获目标的概率。

TWS 处理主要由航迹启动、航迹相关、航迹的滤波与跟踪、航迹中止等过程组成，数据流程如图 6-4 所示。

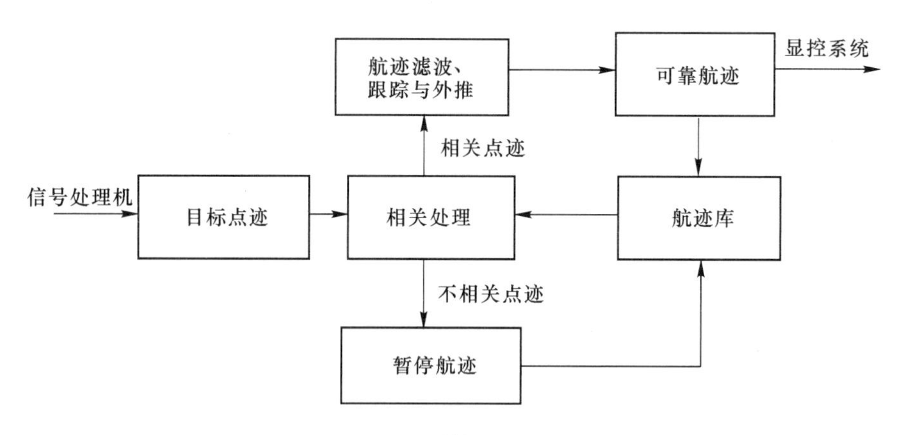

图 6-4　TWS 数据处理流程图

1. 航迹启动

原则上，如果雷达能确定连续两次接收到来自同一目标的回波点迹，就可以启动航迹，但在雷达观测到的目标比较多时，需要三次或三次以上的连续观测才能启动新的航迹。航迹启动的从严或从宽的要求，主要取决于计算机处理的软硬件能力，启动一个新的航迹要比其他的处理过程占用更多的资源。

2. 航迹相关

当数据处理机接收到信号处理机送来的点迹后，首先须和现有的航迹进行相关。这种相关实际上是判断点迹是否落入以某一个航迹为中心的相关门内。如果确认，即可判断它是该航迹的新的观察；如果不是，则有可能是虚假点迹或是新产生的目标点迹。相关门的大小与航迹相关是否成功密切相关。相关门选得小有助于在航迹密集或是在两条航迹靠近时，防止同一点迹落入几条航迹的相关门内；另外，当目标转弯或是快速机动时，需要大的相关门来维持航迹的连续，否则就会相关不上而丢失航迹。因此，相关门不能固定，需要根据测量误差，特别是目标速度和航向的估计误差、目标的机动状态来确定相关门的大小。

为了降低对计算机的压力，在机载预警雷达中可以按观察扇区进行目标航迹相关。也就是说，来自某一扇区的目标点迹，只与这一扇区内已有的目标航迹进行相关，以避免它与所有的航迹进行相关。扇区的划分可以根据具体情况确定。

3. 航迹的滤波与跟踪

航迹的滤波与跟踪就是按一些跟踪滤波算法进行航迹的平滑和外推。

4. 航迹中止

当雷达接收不到能与已启动的航迹相关上的目标点迹，可以通过外推方法继续该航迹。但是如果连续几次得不到新的能与之相关的点迹，就可以考虑中止该航迹；如果超过5次，一般就必定中止该航迹。被中止的航迹可能是虚假航迹，也可能是真实目标航迹的中断。

对目标空间位置的测量方法与雷达搜索状态下目标空间位置的测量方法相同。对目标的跟踪、估值和预测及多目标跟踪的目标互联方法本书不进行介绍。

（二）航迹相关的实现

实现航迹相关的方法很多，我们仅以波门法为例说明是如何进行航迹相关的。

采用波门法进行航迹相关的原理方框图如图6-5所示。由雷达接收机来的信号分为两路，其中首次出现的目标回波经捕获设备，将其坐标数据送入外推计算机中。外推计算机对每批目标进行外推计算，求出目标的外推点及波门前、后沿坐标数据，将这些数据送到波门设备，波门设备产生出与捕获目标在时间上相应的波门。接收机另一路输出到量化电路。量化电路的输出经过一个门，该门受波门信号控制，只有当波门信号来时，门才开启，波门内的信号才能通过。由于每一波门都和与其相应的回波信号在时间上重合，所以可以保证已捕获的每批目标都能送入后面的检测设备和录入设备，经过加工把新录取的目标坐标数据送入计算机，以便外推下一个前置点。在这种方法中，目标的航迹相关是靠波门本身实现的，凡是进入同一个波门的信号就是相关，为同一批目标。

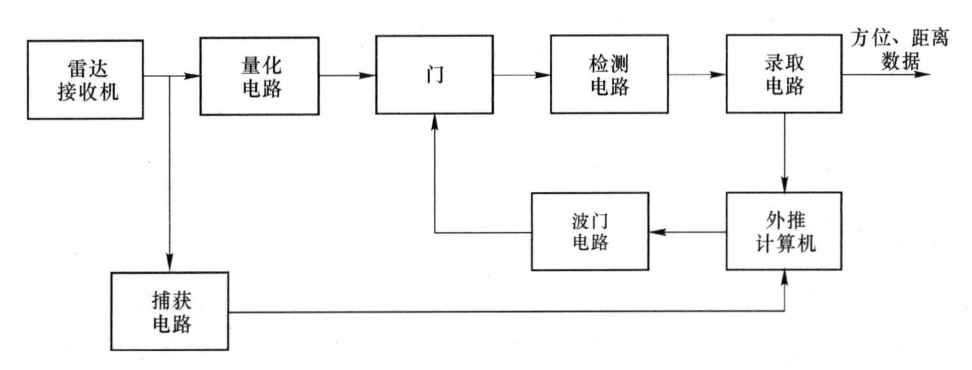

图6-5　用波门法进行相关的原理方框图

上面讨论的是一条航迹和一个新点迹的情况，且点迹在波门之内，所以问题很简单。在实际跟踪过程中，问题复杂得多，因为航迹的数目很多，雷达一次录取的点迹数更多，航迹相关就呈现出复杂的情况，需要加以分析和判断，这些问题在此不讨论。如在航迹相关过程中，波门内部不出现点迹，这可能是目标机动，飞出波门之外，或是目标回波衰落，没有满足检测准则，因而没有点迹被录取下来。这时可加大下一次的相关波门，就有可能重新录取这一航迹的点迹。

边扫描边跟踪系统的性能是与目标探测、参数估值、跟踪算法、关联方式等都有关系的综合性问题。综合判断系统的跟踪原理及其最佳跟踪器的构成，是一个有待实践来解决的问题，现在已经引起普遍的重视。

三、扫描加跟踪

扫描加跟踪（TAS）是指扫描和跟踪可以按各自的需要独立进行。在边扫描边跟踪

（TWS）方式中，搜索和跟踪其实是捆绑在一起的，搜索空域的周期就是跟踪数据的刷新率；而在TAS中，搜索空域的数据率与跟踪不同目标时的数据率不相同，可以根据实际情况进行调整。这种模式实现的硬件条件就是天线波束指向可以任意控制，由于机械扫描天线存在惯性作用，做不到天线波束指向的捷变，因此不能实现TAS工作模式，只有相控阵体制的机载预警雷达才能实现TAS工作模式。

TAS所需要的处理过程基本上与TWS相同，只是更加灵活多变，特别是以下两个过程与TWS不同。

一是航迹启动过程。采用TAS方式时，建立航迹所需要的三次点迹不必像在TWS中那样，需要等待天线波束搜索空域三次，而是在接收到第一次点迹后，直接向目标点迹方向发射验证波束。如果验证波束的回波能满足航迹建立要求，就可以启动航迹。因此在TAS方式下，航迹启动要大大快于TWS方式。

二是跟踪与滤波过程。虽然TAS的跟踪与滤波的算法可以与TWS一样，但是跟踪所需要的跟踪周期不像TWS那样固定不变，可以灵活控制，按目标机动等情况进行调整，这样可以大幅度提高跟踪的稳定性和精度。

第四节　空-空数据处理

空-空数据处理主要包括空-空搜索模式和空-空跟踪模式下的数据处理。

一、空-空搜索模式下的数据处理

雷达空-空搜索方式只处理天线接收输出的和路信号及保护天线接收输出的信号（时分开关切换），如图6-6所示。和路回波信号用于检测目标的距离和速度信息，保护信号用来消除地面强目标回波对雷达造成的虚警。

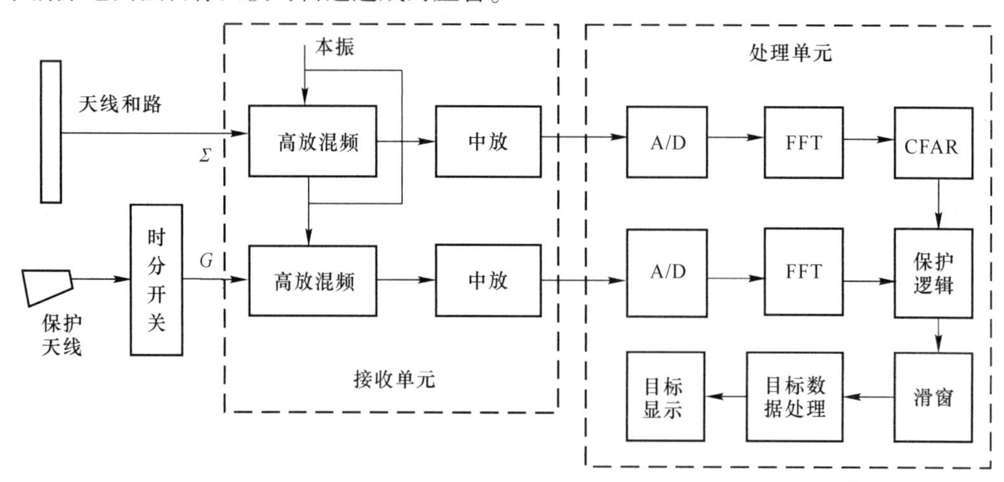

图6-6　空-空搜索模式下的雷达数据处理

两路接收信号通过接收单元的主、副通道进行放大变频变换为中频信号，经过中频放大后，直接输出到处理单元中的 A/D 转换模块进行模数转换，将中频回波信号按距离顺序将每个发射周期的回波信号幅度变换为对应的数字量，随后进行数字 I、Q 分离得到 I、Q 两路回波信号的数字量序列。

为了滤除天线接收的主瓣杂波，以减轻主瓣杂波对回波信号检测的影响，各距离单元的回波信号先通过数字主杂波跟踪过滤主杂波多普勒频率附近的地杂波，然后对各个距离上的回波信号幅度数据进行快速傅里叶变换（FFT），以从频域检测各距离上回波信号的多普勒频率，这样就得到各距离上回波信号的距离、速度数据。

为了消除经天线副瓣接收的地面强目标回波造成的虚警，各个距离上的和信号与保护信号数据经过保护逻辑判决后再输出，即在该距离上和信号数据大于保护信号数据，则和信号数据输出。反之，表示该距离上的和信号为经天线副瓣接收的地面强目标回波信号，则不予输出。

经过保护逻辑判决后输出的回波信号的二维数据，再经过滑窗积累检测后输出到数据处理计算机。数据处理机对各距离上的二维数据进行解模糊和恒虚警（CFAR）处理后，降低噪声干扰造成的虚警，得到目标的真实距离和速度数据。

上述处理检测出载机前方雷达搜索空域内目标的距离和速度数据，加上接收该目标时天线对应的方位角、俯仰角数据，即得到了目标位置的全部信息数据。

目标位置的信息数据经雷达显示控制处理机处理后，输出视频图像信号加到显示控制系统（DCSS）中的显示控制管理处理计算机（DCMP），在由 DCMP 控制在显示器上显示出目标的相应位置数据。

二、单目标跟踪模式下的数据处理

雷达单目标跟踪模式下的数据处理如图 6-7 所示（图中 ΔA表示方位差信号，ΔE表示俯仰差信号）。雷达单目标跟踪方式时只处理天线接收输出的和路信号及差路信号。

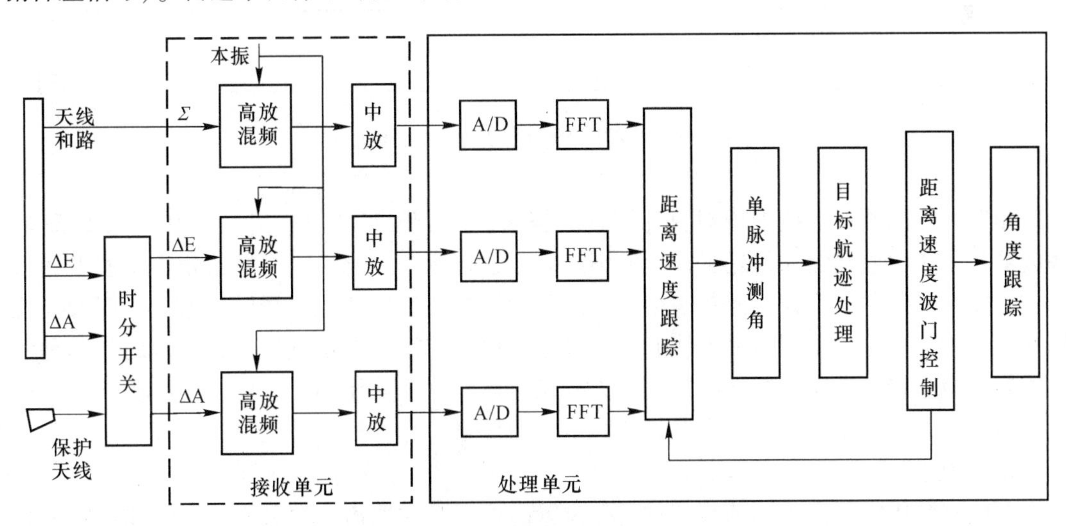

图 6-7 单目标跟踪模式下的雷达数据处理

天线接收输出的和路信号及差路信号分别经接收机进行放大变换处理后，在处理机中得到目标回波对应距离上的和、差信号幅度的数字量。在单目标跟踪情况下，为了实现距离跟踪，回波信号的数据为目标距离位置上前后相近两个距离上的回波信号数据（一个距离门间隔）。

两个距离上的和、差回波信号数据在信号处理机中分别进行 FFT 变换，以测量回波信号的多普勒频率。依据两个距离上的和路回波信号幅度数据可以鉴别距离跟踪的误差，数据处理计算机根据此误差调整距离跟踪计算的距离门位置，实现距离跟踪。同样依据和路回波信号的多普勒频率滤波器的输出（相邻两个多普勒滤波器的输出），可以鉴别速度跟踪的误差，数据处理机据此误差调整速度跟踪计算的速度门位置，实现速度跟踪。

方位差和俯仰差信号的极性和大小反映目标偏离天线电轴线的方向和角度大小，数据处理机据此输出控制信号加到天线伺服驱动子系统，控制天线向着减小角误差的方向转动，直到天线电轴线对准目标，此时角误差信号输出为零，这样就实现了角度二维跟踪。

（一）角度跟踪

角度跟踪的功能是精确确定目标相对雷达天线坐标的位置。角跟踪环也能确定目标角的变化率。大多数角度跟踪设计成用目标角度、角速度（有时还用角加速度）来产生使天线指向目标的命令。

角度跟踪环路的组成原理框图如图 6-8 所示。

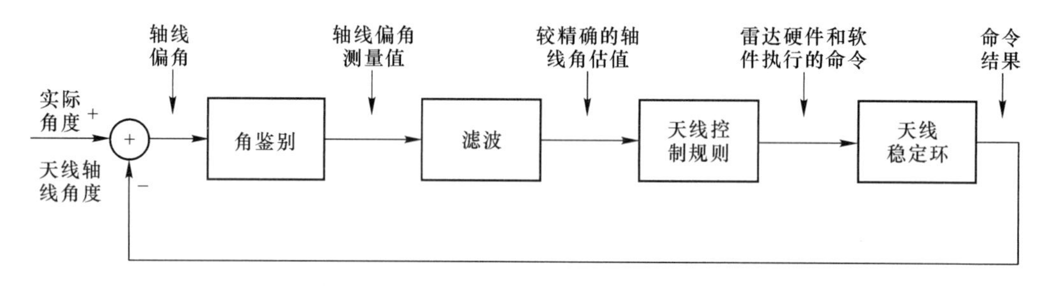

图 6-8　角度跟踪环路的组成原理框图

角鉴别，即测量天线轴线对目标位置的偏角，这个角叫轴线偏角（AOB）。角跟踪环滤波器接收从角鉴别器来的近乎连续的轴线偏角数据流，由此得出视轴偏角、角速度和目标加速度的最佳估值。天线控制规则的功能是利用滤波估值产生天线转速命令，使天线视轴理想地对准目标。机械扫描天线的天线稳定环包含陀螺和转矩发送器，后者的作用是将天线转速命令转化为实际的天线运动。天线稳定环有一个重要功用，即补偿由于雷达载机运动引起的天线运动，保证天线跟踪目标位置的稳定性。

1. 角度鉴别

角度鉴别用来测量天线轴线相对目标位置的偏角。此偏角一般分解为方位和俯仰两分量。实现角度鉴别的常用方法有两种，即顺序波束转换和单脉冲法。两种方法鉴别目标角度误差的原理是相同的，如图 6-9 所示。

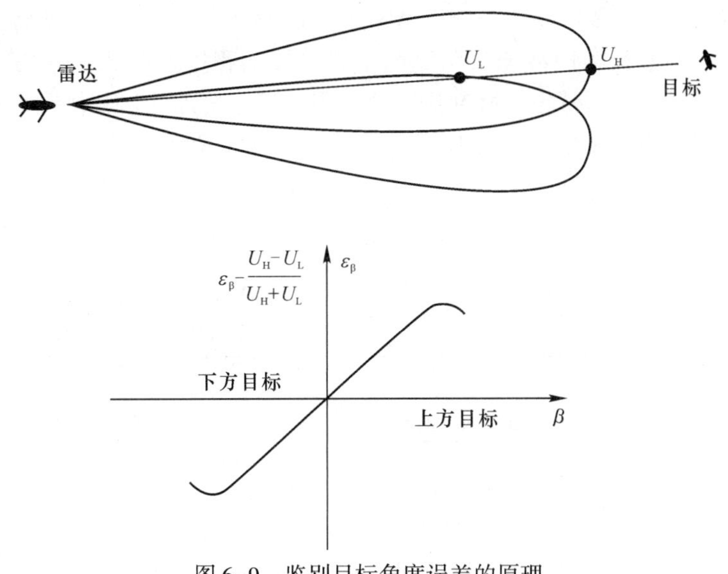

图 6-9　鉴别目标角度误差的原理

通过比较一个平面（方位或俯仰）上两个波束引起的回波信号强度，可以鉴别天线轴线偏离目标方向的误差。

2. 角度跟踪滤波器

角度跟踪滤波器的主要目的处理受噪声干扰的角度测量数据，得出测量参数和有关参数的估值。在 PD 雷达中，这种滤波就是雷达对获得的角误差数据进行递归（算法）处理来实现的。为了完成这种功能，还必须向滤波器提供环境信息（如信噪比）和描述可能的目标机动的频率和幅度，并建立精确的数学模型，以使滤波后得到跟踪的最佳估值。

3. 天线控制与稳定

单脉冲跟踪的天线控制一般设计成是天线轴线一直对准目标，当出现角度偏差时，依据滤波器输出的角度误差估值和控制天线转动的规则，产生控制天线转动的信号和命令，控制机械扫描天线的方向接头转矩发生器和有关电路，使天线向着减小角误差的方向转动，直到天线轴线对准目标。稳定环主要是利用陀螺仪来感知载机运动，并控制天线运动，以便补偿载机运动对天线产生的影响。

（二）距离跟踪

距离跟踪环的主要功能是精确确定目标的距离。为了给出距离门控制命令，也需要距离跟踪环。距离门控制命令用来控制移动距离门，使其中心保持在目标的距离上。

距离跟踪环的主要组成部分有距离鉴别、滤波、距离门控制命令和距离门重新定位。如图 6-10 所示，每部分的功能和角跟踪环对应部分的功能完全相似。

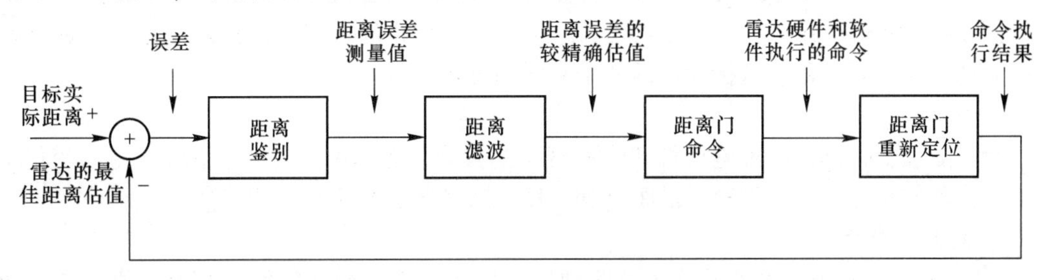

图 6-10　距离跟踪环路的组成原理框图

1. 距离鉴别

距离鉴别用来鉴别目标回波偏离距离门中心位置的程度。在低、中 PRF 雷达中，完成距离鉴别的过程如下。雷达发射脉冲后不久，雷达接收机即开启，接收机就开始对接收机输出的视频回波信号进行采样（A/D 转换），如图 6-11 所示。

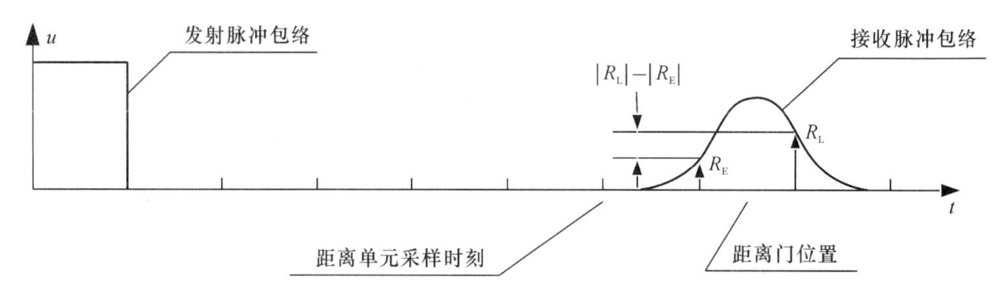

图 6-11　回波脉冲的采样

采样时钟非常重要。一般情况下接收机开启不久就开始采样。然后以一定的间隔不断进行采样，一直到接收机关闭（此时对应于下一个脉冲发射）。两次采样之间的时间间隔，一般等于发射脉冲宽度（假定没有脉冲压缩）。这样，在目标回波脉冲作用时间（其宽度由于电路的滤波而展宽）内，就有两个采样。每个采样称为距离单元，含有对应的距离信息。

典型的距离鉴别特性是由对回波脉冲采样的前、后距离单元幅度之差除以它们的和而得到的。用和相除使鉴别归一化，而且不需要精确的电压或功率电平，如图 6-12 所示。

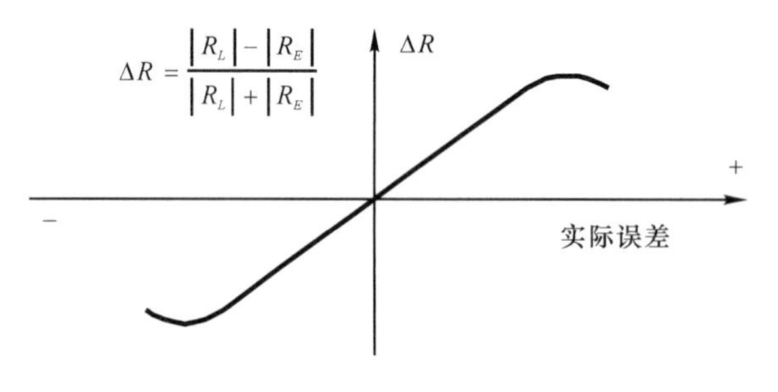

图 6-12　鉴别归一化示例

显然，距离鉴别的输出与距离门（估值，即对回波脉冲两次采样的位置）和目标回波的重合位置有关。当距离门中心和回波中心位置重合时输出为零，反之输出不为零。即根据 ΔR 的方向和大小，可以判断距离门位置偏离目标距离位置的方向和大小。距离跟踪就是依据 ΔR 来调整距离门位置，使之与目标距离位置重合的过程。这种调整也就是调整距离单元的采样时间，使对目标回波的两个采样幅度相等。

2. 距离滤波器

距离滤波器处理由距离鉴别得到的距离误差测量数据，并输出目标距离、距离变化率和第三参数的估值。第三参数或是距离加速度，或是与其密切相关的参数。

3. 距离门命令

低、中 PRF 测距的距离门是距离鉴别后，目标距离的最佳估值。由于估值必须在距离鉴别进行之前做出，故它一定是一个预计值。产生的办法是取最新的滤波器给出的距离和距离变化率的估值，再用距离变化进行线性内插。

4. 距离门重新定位

距离门重新定位是通过将距离门命令转换为时间，并据此对采样时间进行调整。

（三）速度跟踪

速度跟踪环的主要功能是精确测定目标的距离变化率，其组成原理如图6-13所示。它给出的距离变化估值精度比距离跟踪环给出的要高。速度跟踪环还要发出类似于距离门命令的速度门命令，以移动速度门，使它的中心保持在目标速度位置上。速度跟踪环的主要组成部分有速度鉴别、滤波、速度门命令和速度门重新定位。每部分的功能和前述距离跟踪环的完全相似。

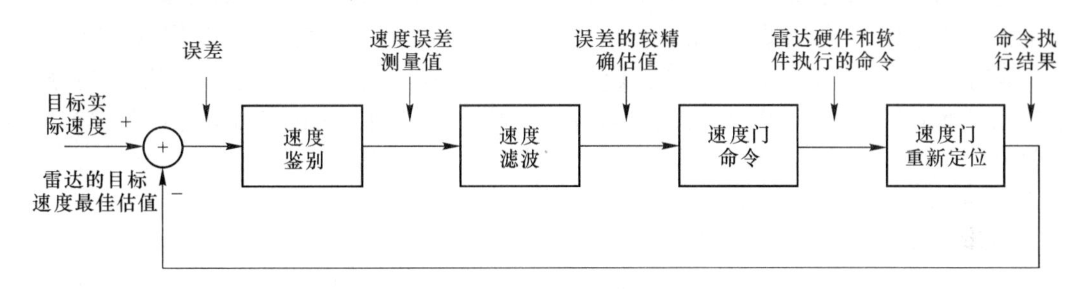

图6-13　速度跟踪环路的组成原理框图

速度测量处理是通过测量雷达回波的多普勒频移完成的。跟踪时的测量方法如下：得到速度门命令，该命令相当于雷达回波多普勒频移的最佳估值。知道了这个值，就可调节射频变频振荡器的频率，使其和回波信号混频后产生的信号频率等于预定的频率。预定频率取决于所用的速度鉴别形式。

利用目标信号在相邻多普勒滤波器的输出，可以对速度跟踪的误差进行鉴别。

速度鉴别测量值代表速度跟踪时速度门的误差，利用它控制速度门位置移动（即改变本振频率），使得目标频率的位置出现在预定频率上。速度鉴别输出加至滤波器进行滤波处理，速度滤波处理速度鉴别得到的数据，并输出速度和速度变化率的数据估值。

速度门是进行速度鉴别时的距离变化率的最佳估值。鉴于和距离门命令同样的理由，速度门是根据绝大多数距离变化率和距离加速度的现时速度滤波估值做出的预测。速度门重新定位是利用速度门命令改变本振的变频频率，使雷达回波信号置于速度鉴别的预定频率上。

高PRF模式时的速度跟踪处理与中PRF时的处理是相似的，但它在进行FFT变换之前，一般要进行模拟式或数字式的速度门预滤波。通常，预滤波减少了要求的多普勒滤波器数量，且除去了某些不必要的干扰。另外在高PRF时，可能只有一个距离门。

在单目标跟踪状态下，被跟踪目标的空间位置信息数据送到任务计算机，用于机载武器对目标进行攻击计算和引导。同时，显示处理机将被跟踪目标的位置信息数据转换为视频图像信号送给显示控制系统中的显控处理机，在处理机的管理控制下，在多功能显示器上显示出目标的位置信息。

第五节　空-面数据处理

空-面工作方式包括：空对地测斜距，地面动目标显示、信标方式、地图测绘、地形回避、地形跟随、对海搜索等方式。

空对地测斜距用于测量雷达载机至目标间的斜距。地面动目标显示主要用于对地面运动的坦克群、车队等目标的探测。信标方式，即测出信标的位置，校准导航系统。

地面动目标显示主要是用于对坦克、车辆等地面运动目标进行探测、识别和攻击，并且对运动目标的速度有一定要求，当地面运动目标过小时，目标有可能落入杂波中无法检测。

信标方式用于导航、轰炸及空中加油（信标机分别安装于机场、空中加油机或投放于欲攻击的地面目标上）。雷达以规定的频率和编码发出询问，信标机以规定的频率和编码应答。

地图测绘是利用地面不同物体对雷达电磁波反射能力的不同来实现的，即通过显示天线波束扫过地面时所接收的回波信号强度的差异，在显示器上显示出一幅地面图形。地图测绘通常有真实波束地图测绘、多普勒波束锐化（DBS）、合成孔径（SAR）、地图冻结等工作方式。多普勒波束锐化（DBS）和合成孔径（SAR）用于提高地图的分辨率。地图冻结用于隐蔽接敌和偷袭敌方地面目标时的导航，进入地图冻结方式时，雷达关闭发射机（避免被敌方发现），并把停止发射信号前的地形图保持在显示器上，同时显示随后的载机飞行轨迹，飞行员根据画面显示操纵飞机接近目标。

地形回避指飞机低空飞行时，雷达在一定的方位范围内进行方位扫描，发现前方地面障碍，以绕开障碍物（例如，从两座高山中间飞过去）。地形跟随指飞机低空飞行时，雷达波束进行垂直扫描，得到垂直剖面上的地面信息，用以计算垂直方向上的驾驶指令，以保障飞机在低空飞行的安全。

对海搜索方式用于检测海面上的静止或运动目标。

另外，有些机载火控雷达还具有气象功能，用于探测飞行前方的天气情况，以回避恶劣天气。

复习思考题：

1. 数据处理的主要任务是什么？
2. 什么是测距模糊？如何解距离模糊？
3. 什么是测速模糊？如何解速度模糊？
4. 简述 TWS 模式下的数据处理流程。
5. 简述空-空搜索模式下的数据处理流程。
6. 简述单目标模式下的数据处理流程。
7. 简述空-面数据处理包括哪些工作方式。
8. 简述角度跟踪、距离跟踪、速度跟踪的基本过程。

第七章　雷达干扰和抗干扰技术

学习提示：本章主要介绍雷达干扰和抗干扰的基本知识，以及与雷达天线、发射机、接收机、信号处理有关的抗干扰技术。通过阅读，读者应了解雷达干扰的主要类型，掌握雷达各子系统的主要抗干扰措施，熟知其抗干扰机理。

机载雷达面临的复杂电磁环境中可能出现各种干扰，因此必须采取有效的抗干扰措施来消除或减小这些干扰对雷达技战性能的影响。

雷达干扰和抗干扰是一个矛盾的两个方面。有雷达的存在，就会有干扰；有干扰就必然有抗干扰措施。一种新雷达技术的应用会引起一种新的干扰技术；而新的干扰又必然促进新的雷达抗干扰措施的产生。这样循环不止，促使雷达干扰和抗干扰技术不断向前发展。所以，雷达干扰与抗干扰是相对的，没有不能干扰的雷达，也没有不能对抗的干扰。

第一节　雷达干扰与抗干扰

随着雷达在现代战争中地位的提高，为了保证雷达能在极为复杂的电磁环境下正常工作，研究雷达抗干扰技术是有重要意义的。尽管雷达干扰和抗干扰技术在极为保密的情况下进行，但是，任何事物的发展都有一定的内在规律和特点，只有认识和掌握了雷达对抗的基本规律和特点，才能对各种抗干扰措施的作用和效果有更深刻的理解，才能为抗干扰技术的发展找到正确的方向。

一、雷达干扰

雷达干扰是通过辐射、转发、反射或吸收敌方雷达的电磁能量，削弱或破坏敌方雷达探测能力和跟踪能力的战术技术措施，是雷达对抗的重要组成部分。

雷达干扰可分为有源干扰和无源干扰两大类。

雷达接收机接收目标回波，同时也接收频率相同的干扰信号。雷达有源干扰就是增加雷达接收机的噪声，降低其信杂比，增加对有用信号检测的不确定性，或者增加接收机的虚假信息，提高数据的错误率和虚警率。雷达有源干扰分为压制性干扰和欺骗性干扰两类。

压制性干扰：增加接收机的噪声，甚至淹没其目标回波，使受干扰雷达的显示器不能显示目标信息或不能提取正确的数据，甚至使接收机饱和，失去检测信号的能力。噪声调制干扰是常用的典型干扰样式，通用性强，对多种雷达体制都有较好的干扰效果。压制性干扰分为窄带瞄频式干扰、宽带阻塞式干扰和扫频式干扰。瞄频式干扰是集中能量有效地使用干扰功率，但同一时间只能干扰一部雷达。阻塞式干扰同时能干扰频带内的多部雷达，但功率分散。扫频式干扰兼有两者的特点，适宜于对付多威胁信号环境，但扫频速度必须选择得当。

欺骗性干扰：模拟敌方雷达目标回波，经过干扰调制，逐步改变其有关参数，使雷达操作员或自动判别系统做出错误的判断，增大控制武器的误差。根据对雷达的干扰作用，欺骗性干扰可分为距离门跟踪欺骗、角度跟踪欺骗、速度门跟踪欺骗和假目标欺骗等多种。欺骗性干扰主要采用转发式和应答式两种干扰体制。欺骗性干扰的特点是隐蔽性好、设备体积小、重量轻，适于各种载体使用。

无源干扰常用的器材有箔条（干扰丝）、各种角反射器、假目标和雷达诱饵、反雷达涂层等。干扰丝一般有金属箔或涂覆导电层的玻璃纤维、卡普纶等介质制成的偶极子反射体，对电波具有散射特性。连续投放可以形成干扰走廊或干扰云，目标在其中运动，回波信号便被掩没。适时断续投放，可使雷达跟踪干扰而丢失目标，称为欺骗性干扰。角反射器一般有各种形式，如三角形角反射器、圆形角反射器、方形角反射器、伦伯透镜角反射器和双锥角反射器等，能增强对电波的反射，一般用于模拟较大目标的回波，制造假目标。假目标和雷达诱饵，多用于突破敌方雷达防御系统，阻碍敌方对目标的识别和跟踪。反雷达涂层，涂覆在目标表面上，改变目标的雷达散射面积或空间媒质的电性能，减小目标对雷达电波的反射，降低雷达的探测能力。无源干扰的特点是通用性强，制造简单，使用方便，因而长期受到重视。

所有干扰手段中使用历史最久、最简单的就是箔条。最初的箔条是长条形的金属片，今天的箔条则是由镀金属的绝缘纤维构成。在一个极小的空间里可以存储数十亿根箔条（见图 7-1），释放到空气中后，可以悬浮很长时间，当数量很大时，能产生很强的雷达回波。

图 7-1　箔条释放

如果没有遇到大气湍流，释放后的箔条就会迅速减速，不久便基本不动，从而其回波就像天气杂波一样会被装有动目标检测系统的雷达滤去。对付没有动目标检测功能的雷达，箔条十分有效。由几架护航飞机撒播，箔条就可以掩护整个袭击行动，如果向飞行的前方发射箔条也可以掩护撒播飞机自身。即使对付具有动目标显示功能的雷达，箔条也十分重要，它可以屏蔽不运动或较少运动的地表目标，对付来袭雷达制导导弹，箔条可向导弹寻的器中导入噪声。如果在撒播箔条的同时使用逃逸操纵，可以解开寻的器对飞机的锁定，从而使导弹脱靶。

角反射器也是一种无源干扰物，它是由反射能力很强的金属板组成，能够将来自各方面的雷达波反射回去，如图 7-2 所示。巧妙使用反射器，能在敌方雷达屏幕上显示假桥梁、假坦克等，以达到迷惑敌人的目的。无源干扰物虽然耗资不大，但其特有的神奇功能，却足以与耗资巨大的有源干扰机媲美。

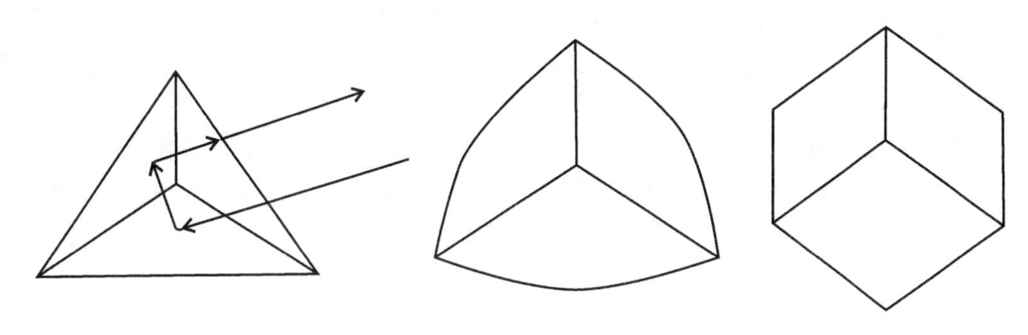

图 7-2　角反射器

二、雷达抗干扰

雷达抗干扰是一门涉及各个领域的复杂学科，总结以往对抗的实践，雷达抗干扰措施可以分为两大类：一类是使干扰不进入或少进入雷达接收系统；另一类是当干扰进入雷达接收系统后，利用目标回波和干扰各自的特性，从干扰背景中提出目标回波信息。

比较有效的雷达抗干扰技术有以下几个方面。

（一）设计理想的抗干扰雷达信号

雷达信号的设计，将直接影响雷达系统的战术技术性能，尤其是在复杂的干扰环境下，还要有利于提高雷达的抗干扰性能。通常，具有大时宽、大频宽和复杂内部结构的雷达信号是比较理想的。

（二）空间对抗

空间对抗是利用干扰源和目标空间位置的差异，来选择目标回波信号的抗干扰方法，也就是使干扰尽量少进入雷达。它要求雷达窄波束、窄脉冲工作，减小雷达的空间分辨单元体积，从而降低从目标邻近方位进入雷达干扰信号的概率，以提高信干比。通常，采用低副瓣天线或副瓣抑制技术，包括副瓣消隐、副瓣对消和自适应副瓣对消等技术来实现。

（三）频域对抗

频域对抗是争夺电子频谱优势的重要手段。它的基本思想是利用目标回波信号与干扰信号在频域上的差异，采用特定的滤波器滤除干扰信号并提取目标回波信号，即尽量避开干扰或使干扰少进入雷达。常用的技术措施是频率分集、捷变频、自适应捷变频和开辟新的雷达工作频段。

（四）极化对抗

极化对抗是利用雷达信号和干扰信号极化的差异来抗干扰的，也就是使干扰少进入雷达。理论上讲，如果雷达信号和干扰信号的极化成正交，则可以完全将干扰信号抑制掉，也可以使用收发同圆极化的天线抑制雨滴干扰。常用的极化抗干扰措施有极化分集、极化捷变和自适应极化捷变技术等。

（五）常用抗干扰电路

前面所述的几种抗干扰措施，其主要目的是提高雷达接收机输入端的信干比。实际上，干扰强度总是比目标回波信号强得多，还必须依靠接收机抗干扰电路和信号处理技术，来提高雷达的抗干扰能力。在强干扰背景条件下，通过信号处理提取目标回波信号的首要条件是经接收处理后不能丢失信息。因此，要求雷达接收机具有足够的带宽和足够的动态范围。常见的接收机抗干扰电路有自动增益控制电路、瞬时自动增益控制电路、近程增益控制电路、对数中放和宽-限-窄电路等。在抗无源杂波干扰方面，全相参雷达数字信号处理有很大的潜力。它是利用动目标多普勒频移，使动目标回波信号的频谱和杂波频谱产生分离，在信号处理机中，应用相邻周期对消可以有效地抑制杂波。目前，动目标显示雷达改善因子可达50dB。全相参脉冲多普勒雷达通过杂波抑制滤波器和窄带多普勒滤波，其改善因子可达80dB，是目前抗无源杂波干扰最有效的技术。

（六）综合对抗

在复杂的电磁干扰环境中，仅使用某种抗干扰技术是不够的，为了保证对抗的胜利，应当研究和发展综合抗干扰手段。所谓综合抗干扰是指采用技术的和战术的方法进行抗干扰。综合抗干扰包括下列三个方面。

1. 多种抗干扰技术相结合

单一的抗干扰措施只能对付某种单一的干扰，例如，捷变频技术只能抗积极干扰，但不能抗消极干扰；单脉冲雷达只能抗角度欺骗干扰，但不能抗距离欺骗干扰等。所以，综合采用多种抗干扰措施，才能有效地提高雷达的抗干扰能力。可用的技术措施如下。

（1）波形设计，使用大时宽/大频宽/复杂内部结构信号，包括线性和非线性调频信号、编码信号、低截获概率信号、扩谱信号、冲击信号、谐波信号、噪声信号等；

（2）空间对抗，包括副瓣对消、副瓣消隐、自适应天线阵技术等；

（3）极化对抗，包括变极化器、极化对消、自适应极化滤波等；

（4）频率对抗，包括频率分集、频率捷变（脉间或脉内）、自适应频率捷变、目标特性自适应等。

另外，还有一些常用的抗干扰抗过载电路、对数中放、灵敏度时间控制、宽-限-窄电路、反宽电路、抗拖电路、噪声恒虚警处理、杂波恒虚警处理、固定杂波抑制、慢动杂波抑制、干扰源定位等，都可减弱地方雷达干扰的影响。

2. 多制式雷达组网

单一雷达的抗干扰能力总是有限的，采用多种抗干扰技术可能使雷达变得很复杂。所以，采用多制式雷达组网能获得很强的抗干扰能力。多制式雷达网形成一个十分复杂的雷达信号空间，占据很宽频段，而且通过数据传递和情报综合联成一个有机的整体，其抗干扰能力不仅仅是各部雷达抗干扰能力的代数和，而且有质的变化。

3. 灵活的战术动作

除提高雷达抗干扰技术以外，采取灵活多变的战术动作，往往能发挥相当有效的抗干扰效果。例如，把握开关机时机、配置雷达诱饵、屏蔽、伪装和提高指挥/操作人员素质等。

总之，雷达对抗战是双方的，有进攻也要有防御。因此，重视研究雷达各种对抗技术和战术，以适应现代战争的要求，是十分重要的。同时，也应重视积极主动的电子战手段，包括发展专用电子战飞机、歼击/轰炸机自带干扰机和直接摧毁对方的电子战系统等。

第二节　与天线有关的抗干扰技术

天线是雷达和环境之间的传感器，所以它处于电子反干扰的第一线。如果雷达工作于严重的电子对抗环境中，一方面，由于从副瓣中进入的干扰的影响，其探测距离将会下降；另一方面，发射时，辐射于主瓣外的能量很有可能会被敌方的电子支援侦察设备接收。因此，降低天线副瓣或采取空间滤波，对于降低雷达被侦察的概率、有效抑制干扰的影响很有必要。

利用天线发射和接收方向性的空间滤波可以作为电子反对抗措施。空间滤波技术包括波束及扫描控制、低副瓣、副瓣对消、副瓣消隐及自适应阵列系统等。本节主要介绍两种空间滤波技术：副瓣消隐（SLB）和自适应天线技术。

一、副瓣消隐

消除从副瓣进入的强目标或干扰脉冲，常常采用副瓣消隐技术，它能在不影响雷达天线主波束探测性能的前提下，消除从副瓣进入的干扰，尤其是点状干扰（如干扰支援飞机干扰）。因此，它是一种比较有效的抗干扰措施。

副瓣消隐系统原理框图如图 7-3 所示，它由一个接收通道和一个辅助接收通道组成。主天线（即原雷达天线）与主接收通道相连接，辅助天线（也叫保护天线）与辅助接收通道相连接。

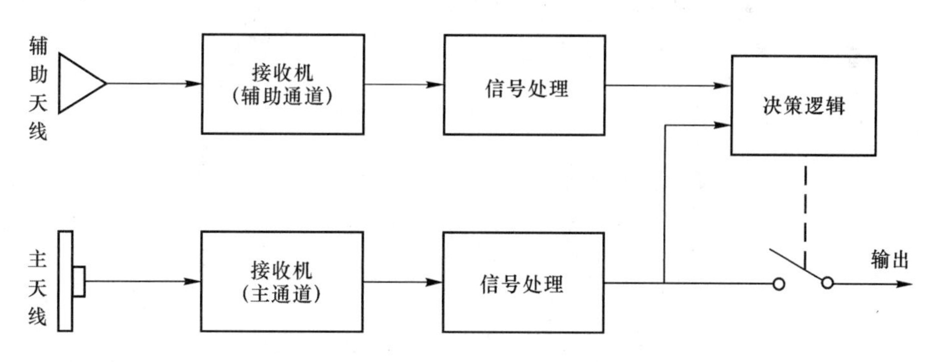

图 7-3　副瓣消隐系统原理框图

副瓣消隐主/辅天线方向图如图 7-4 所示。其中辅助天线的增益比主天线的最大副瓣增益高出 3 ~ 4dB。将辅助通道信号与主通道信号相比较，当前者较后者大时，则主通道内的信号必然是经过副瓣进入的，此时决策逻辑控制主通道断开，阻止副瓣干扰信号进入接收机，因而干扰信号将会被屏蔽掉。

对于机载雷达而言，在中、低空条件下，大量的地面杂波可能会通过主天线的副瓣进入接收机，因此可以利用副瓣消隐技术来抑制副瓣杂波。例如，机载火控雷达的平板缝隙

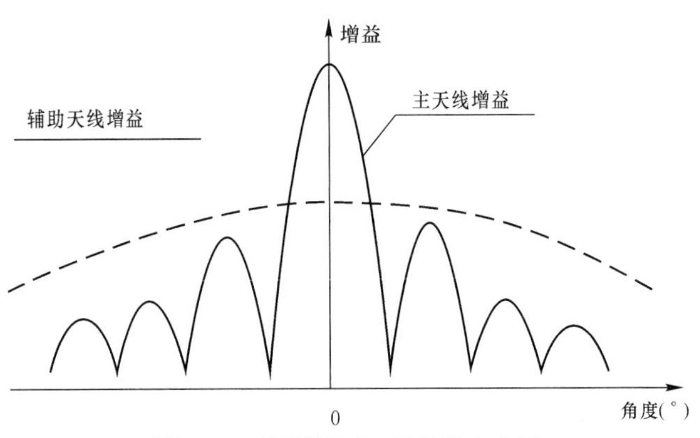

图 7-4　副瓣消隐主/辅天线方向图

天线上一般都寄生有辅助天线，用来将接收的信号送入辅助通道。

图 7-5 所示为寄生有辅助天线的火控雷达天线。辅助天线安装在平板缝隙天线下方，微向下倾斜，目的是便于接收地面回波信号。辅助通道天线为喇叭保护天线，其方向性保证其在各个方向接收的地面回波信号幅度都大于经平板缝隙天线副瓣接收的地面回波信号幅度。某一距离上的地面强目标虽经主天线副瓣被雷达接收，但同一地面目标经保护天线接收的信号强度，大于主天线接收的信号强度。因此，通过副瓣消隐，地面强目标回波信号将会被抑制掉，这样就避免了地面强目标对雷达造成的虚警。

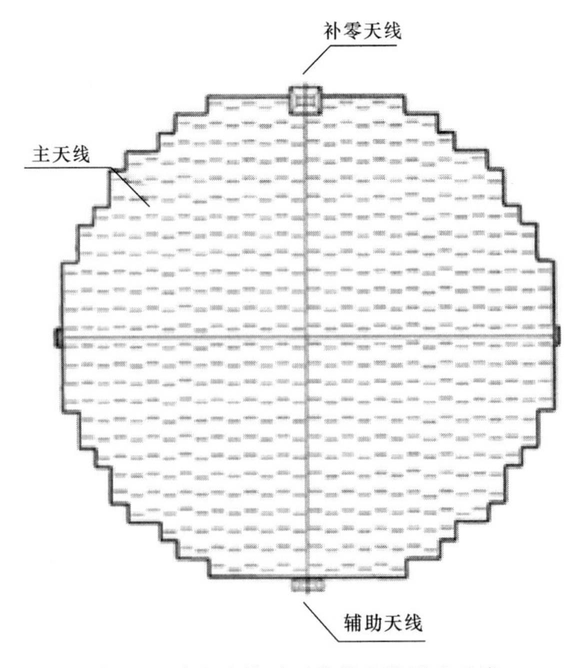

图 7-5　寄生有辅助天线的火控雷达天线

二、自适应天线

极低的天线副瓣具有良好的空间对抗性能，但是实现极低副瓣代价昂贵。实际上，对于抗有源干扰来说，并不需要在全方向（除天线主波束方向外）都实现极低的副瓣，而只需要在有源干扰出现的方向上实现极低的副瓣，就能有效地抑制有源干扰，而且付出的代价也可以接受。因为干扰方向是随机出现的，雷达天线主波束在进行搜索时，不可能确定干扰出现方向和主波束指向之间的关系。而自适应天线阵抗干扰却可以根据有源干扰出现的方向自动调整，使天线零值始终指向干扰源。

图7-6是自适应天线阵抗干扰原理框图。假定自适应天线阵由 n 个馈电单元组成，而每个单元接收到的回波信号 s_i（t）经过各自的加权网络加权后，将它们求和并输出回波信号 S（t）。为了能够自适应，将回波信号 S（t）与参考信号 R（t）进行比较，并把产生的误差信号 ξ（t）送给加权系数计算机，产生出各单元新的加权系数 W_i，从而得到调整后的输出信号 S（t）。此时 S（t）和 R（t）趋于一致，且误差信号 ξ（t）最小。通常，要求参考信号 R（t）与雷达接收的有用信号的形式一致。因为雷达发射信号形式是确知的，总可以做到使 R（t）比较接近有用的回波信号，但干扰信号形式很难做到接近 R（t）。经过自动调整，可使 S（t）趋向于 R（t），即输出有用回波而抑制干扰信号。

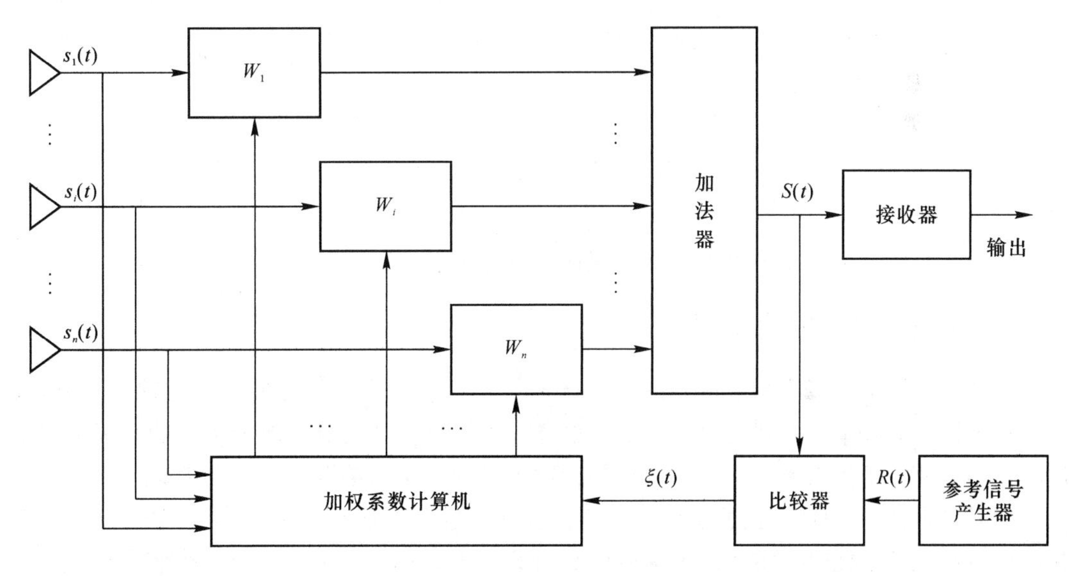

图7-6　自适应天线阵抗干扰原理框图

总之，在雷达探测空间，虽然雷达将同时接收到目标回波信号和从副瓣进入的有源干扰信号，但经过自适应处理后，送至接收机的总是有用的信号，而干扰信号则会被抑制掉。自适应天线对接收信号的加权处理称为空间零值滤波处理。

随着数字技术的发展和应用，数字波束形成技术为自适应天线阵的应用打开了广阔的前景。

第三节　与发射机有关的抗干扰技术

频率捷变是指雷达发射频率脉间或脉组捷变。脉组频率捷变允许多普勒处理，而脉间频率捷变与多普勒处理是不兼容的。脉间频率捷变波形中，每个发射脉冲的中心频率以随机的或固定的方式在大量的中心频率间变化，下一脉冲的频率不可由当前的脉冲预知。频率捷变是当前雷达实现频域抗干扰最有效的技术措施。

图 7-7 所示为某发射机采用的频率捷变技术。该发射机有多个发射通道，每个通道频带宽度 50MHz，有 5 个发射频点，频点跳频间隔为 10MHz，具有频率捷变能力的发射机可以在这些频点上随机地跳变。

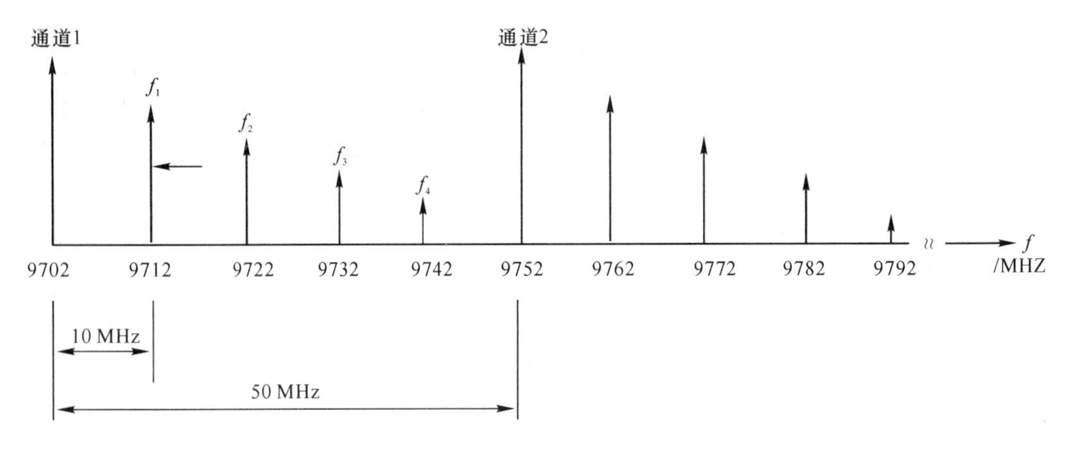

图 7-7　频率捷变技术示意图

频率捷变对雷达性能的改善主要表现在如下几个方面。

一、抗窄带瞄准式干扰性能

早期的有源干扰多采用窄带瞄准式干扰。首先用电子侦察系统测出雷达的工作频率，然后将干扰机的频率调谐到这个频率上。这样，干扰机能最大限度地把干扰功率集中在雷达工作频率上，干扰效果十分明显。目前，这种干扰方式仍是很重要的干扰源。

但对具有宽频段捷变能力的雷达而言，这种干扰方式的干扰效果就大大降低了。因为，当雷达受到干扰时，雷达能迅速调谐到新的工作频率上，从而避开干扰信号频率。为此，干扰机需配有全频段侦察系统，使它能够迅速捕获雷达的工作频率，并施放干扰。但是由于侦察干扰只能在收到雷达发射信号后才能进行干扰，由于频率捷变雷达下一个周期的工作频率已经改变了，这一新的频率在侦察系统没有接收到此雷达信号之前是无法确知的，因而也无法施放针对性干扰，结果，干扰效果大大降低。

因此，频率捷变雷达完全可以抗具有全频段瞬时侦察、跟踪和施放窄带瞄准式干扰的干扰机。但是，如果干扰机施放宽带阻塞干扰，在雷达整个频率跳变的范围上施放干扰，则频率捷变抗干扰就无能为力。虽然如此，但由于宽带阻塞干扰的功率谱密度要比窄带瞄准式干扰的功率谱密度低得多，因此其干扰效果要比窄带瞄准式干扰低得多。

二、提高雷达的反侦察性能

频率捷变雷达可以增强反侦察能力，因为它多数时间是以固定载频工作的，而到关键时刻（如战时）转为频率捷变工作。由于雷达频率捷变的带宽较宽，且是随机的，因而被侦察的概率也很低。

三、提高雷达抑制海浪杂波的性能

海浪杂波干扰的主要特点是杂波干扰强度大、相关性强并且有多普勒频移。在固定载频雷达中，由于海浪杂波具有较强的相关性，虽然采用了视频积累等技术，但对信杂比的改善并不明显。而采用频率捷变技术后，可以使海浪杂波去相关，这时回波信号的概率密度曲线变得更尖锐。这样在同样检测门限条件下，杂波虚警概率将大大减小，亦使海浪杂波干扰的强度大大减弱。

另外，频率捷变不但可以降低海杂波干扰强度，还可以减小海浪尖峰干扰的幅度，有效地改善信杂比，提高雷达在海浪背景中的检测性能。

可以采用宽瞬时带宽信号，使频率在每个发射脉冲内有相当大的变化，可以扩展到中心频率的10%。例如，采用线性调频信号、频率编码信号、相位编码信号。由于宽瞬时带宽信号在每个发射脉冲内有相当大的频率变化，因而具有较好的抗干扰性能。

频率捷变以及瞬时宽带技术代表了抗干扰的一种形式，它把信息载体信号在频率、空间、时间上展开以减小被侦察设备、反辐射探测到的概率，并使干扰更加困难。实现脉冲压缩的脉内编码有利于提高雷达探测能力及分辨力。

第四节　与接收机有关的抗干扰技术

经受了天线抗干扰措施而保存下来的干扰信号如果足够大的话，将使雷达接收机饱和过载，其结果会导致目标信息的致命性丢失。因此，对雷达接收机来说，抗过载能力是其抗干扰的重要性能。

宽动态范围接收机常用来避免饱和，也可以使用其他特殊的处理电路以避免饱和，例如，近程增益控制（STC）、自动增益控制（AGC）等。但是，严格地讲，这些并非是抗干扰技术。例如，STC通过防止杂波使显示器饱和来检测大于杂波的信号。AGC使雷达在其动态范围内工作，防止系统过载，使标准的信号幅度出现在雷达距离、速度和角度处理的跟踪电路中。总之，这些技术在雷达中是必需的，但并非用来进行抗干扰。

对数接收机能保证在指定范围内其输出信号与射频输入信号的包络成对数关系，当存在强度可变的干扰、噪声、云雨、杂波和箔条时，防止接收机过载。它可以使雷达能探测到比干扰、噪声、箔条、杂波干扰更大的目标回波，而一般的小动态范围线性接收机由于在中等噪声电平时已饱和，而不能检测到目标信号。它的不利之处在于，对低电平干扰信号的放大大于对高电平目标信号的放大，降低了信号干扰功率比，并使低电平噪声干扰机更有效。

Dicke-Fix（宽-限-窄）接收机可以对付高扫频速率连续波干扰和扫频点噪声干扰。Dicke-Fix接收机包括一个宽带中频放大器、一个放在窄带中频放大器之前的限幅器。宽带放大器能从扫频干扰的影响中迅速恢复，限幅器抑制掉干扰信号。它们对窄带目标信号没有明显影响，由与信号匹配的窄带滤波器对窄带目标信号进行积累。在现代雷达中，采用宽-限-窄电路抗噪声调频干扰是有效的，因而被广泛采用。尤其是与脉冲压缩技术组合使用，抗干扰效果会更好。

下面另外介绍在接收机中设置的针对专项干扰的技术措施。

敌方施放的干扰信号和友邻雷达信号的参数与本雷达使用信号的参数总是有差别的，比如脉冲宽度和重复周期的差异。为此，采用脉宽鉴别器和抗异步脉冲干扰电路可以进行抗干扰。

一、脉宽鉴别器

脉宽鉴别器有模拟式和数字式两类。模拟式脉宽鉴别器由于各种不稳定因素，它只能抑制和雷达发射脉冲宽度相比差异较大的宽/窄脉冲干扰。采用数字式脉宽鉴别器，则容易实现精确的脉宽鉴别，而且时钟频率越高，则精度也越高。

数字式脉宽鉴别器实际上是一个脉冲宽度读出装置。接收机输出的视频信号经限幅放大后，滤除接收机机内噪声，并使输出脉冲幅度一致，再经采样后送计数器控制其对时钟计数。若计数器连续计数等于雷达发射脉冲信号宽度，则计数器有输出，否则无输出。最后，经平滑滤波处理后，将与发射脉冲信号宽度相同的目标回波信号送显示器，而其他干扰脉冲被有效抑制。

二、抗异步脉冲干扰电路

异步脉冲干扰指干扰脉冲重复周期与雷达发射重复周期不同的一种干扰信号。抗异步干扰就是利用这一差异来实现的。实现方法可以用模拟式，也可以用数字式。

（一）模拟式抗异步脉冲干扰电路

跨周期重合积累抗异步脉冲干扰电路组成原理框图如图 7-8 所示。采用跨周期重合电路，使目标回波信号积累，以获得最大的输出幅度。而异步脉冲干扰由于周期的差异不能同步积累，结果输出幅度较小。再通过门限选通电路，将异步脉冲干扰抑制掉，而提取出目标回波信号。为了不使强干扰脉冲通过门限选通电路，在处理之前先进行限幅。

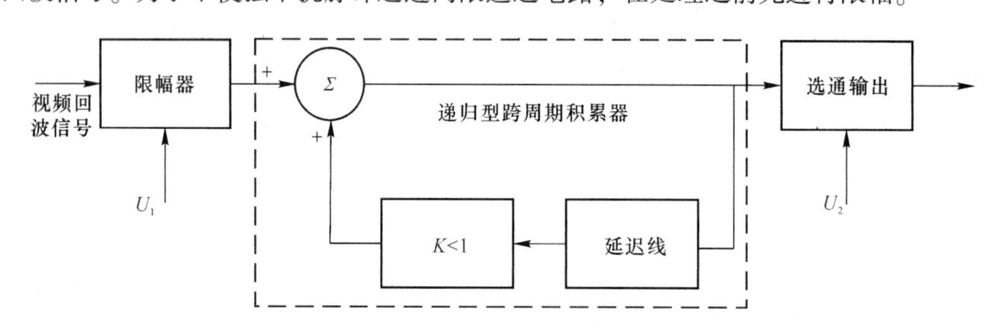

图 7-8　跨周期重合积累抗异步干扰电路组成原理框图

这里，关键是跨周期模拟延迟线。因为，延迟时间等于发射脉冲重复周期 T_r，时间较长，而且要求延时精度高，稳定性好，这用模拟延迟线实现相当困难，当前已很少采用，多采用数字式延时方法。

（二）数字式抗异步脉冲干扰电路

如上所述，用模拟延迟线实现长时间精确延时是困难的，但在数字系统中，用移位寄存器代替模拟延迟线就简单多了。

图 7-9 给出数字式抗异步脉冲干扰电路组成原理框图。

它是一种二进制检测器。它先将输入信号与门限电压 V_{T1} 相比较，若输入信号超过门限电压 V_{T1}，则输出为“1”，否则输出为“0”（信号幅度归一化为数字电路电平）。然后，经过数字积累器（加法器）、第二门限 V_{T2} 判别和 A/D 转换器，再把它变为模拟信号送给显示器。

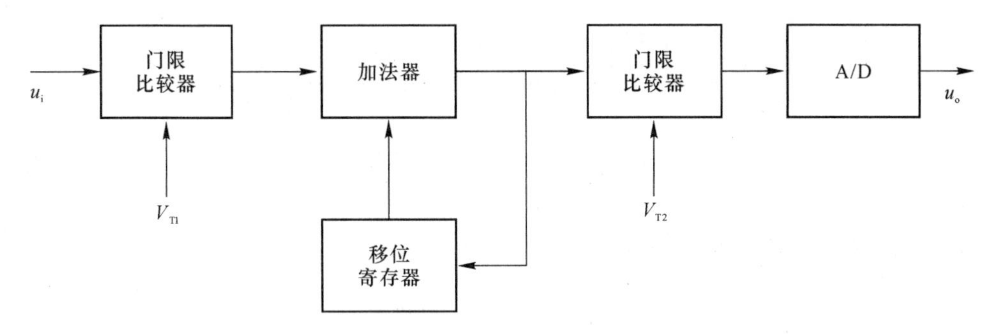

图 7-9　数字式抗异步脉冲干扰电路组成原理框图

对于目标回波信号来说，因为它的重复周期是确知的，可以用移位寄存器实现等周期精确延时（移位寄存器延时时间等于雷达重复周期），所以周期回波脉冲信号积累相加；而对异步脉冲干扰而言，由于重复周期不等于雷达重复周期，因此不能完全积累相加，显然，相加积累输出幅度较低，不能经第二门限判别输出，从而使异步脉冲干扰被抑制掉。

三、抗距离波门拖引电路

脉冲雷达通常用距离跟踪波门（早、晚门）和目标回波之间的误差信号进行距离跟踪。距离欺骗干扰信号是由回答式干扰机产生一个假目标重叠在真目标上，由于假目标的强度比真目标回波强得多，并且在时间上逐渐向后移，雷达的自动距离跟踪波门就会把假目标回波误认为真目标回波，使距离跟踪波门逐渐地被假目标回波拖走，最终丢失原来跟踪的真实目标。这种距离欺骗干扰也称为距离波门拖引干扰（拖距干扰）。

对付这种干扰的反干扰措施依据，是干扰机刚开始复制假目标回波时，假目标回波相对真实目标回波要迟后大约 100ns 的时间。因此拖引干扰刚开始时的假目标回波和真目标回波不可能是完全重合的。根据这个特点，雷达可以用以下几种方法来实施反干扰。

（一）回波前沿跟踪法

先让目标回波信号经过时间常数很小的微分电路求微分后，得到相应的两个正负脉冲（见图 7-10），使距离跟踪波门对前沿脉冲进行跟踪。这样就可以保证距离跟踪波门不会跟踪幅度大的假目标信号。

（二）匿隐增强信号法

因为真目标和干扰回波在时间上并不完全重叠，而且干扰信号的幅度又大得多，所以可以先把跟踪信号附近的大幅度信号选出来，经整形后作为匿隐信号，把大幅度信号匿隐

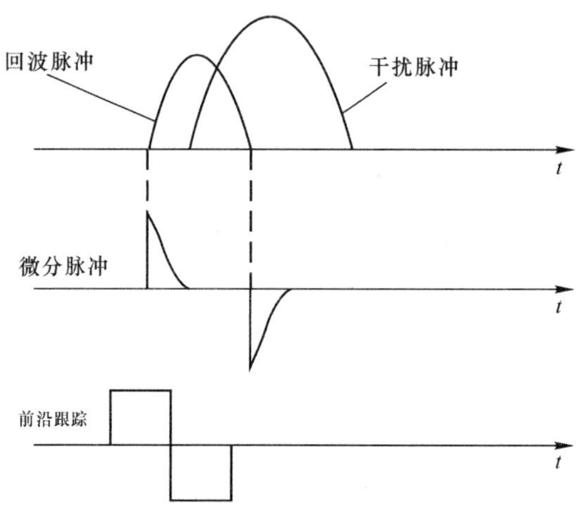

图 7-10　回波前沿跟踪波形

掉，其原理框图和波形如图 7-11 所示。

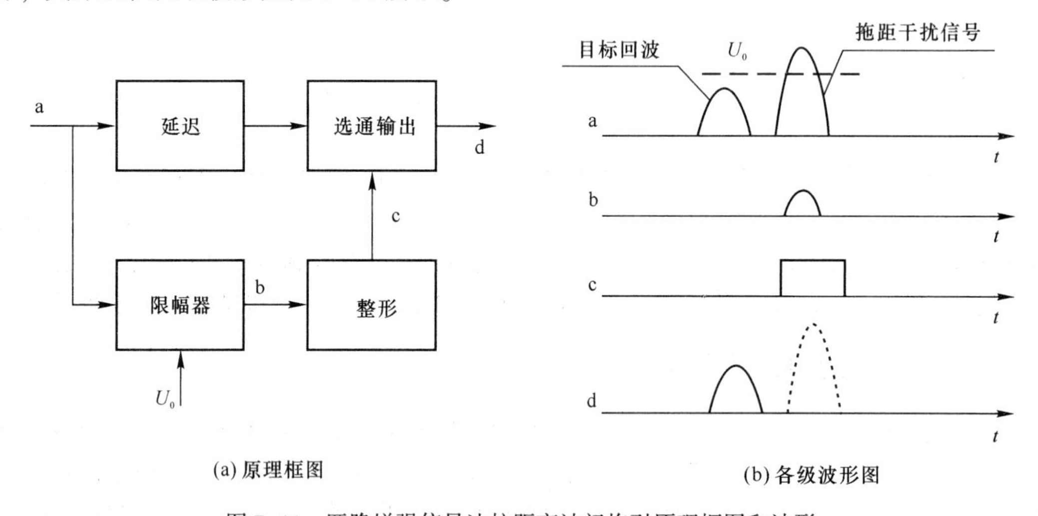

(a) 原理框图　(b) 各级波形图

图 7-11　匿隐增强信号法抗距离波门拖引原理框图和波形

在图 7-11（b）的各级波形图中，波形 a 为雷达接收的目标回波和拖距干扰信号。在限幅器中，拖距干扰信号与门限 U_0 相比较，当干扰信号超过门限时，限幅器将输出波形 b。通过对波形 b 进行整形，形成规则的匿隐脉冲 c。如果将匿隐脉冲作为选通控制信号，则会使干扰信号不被输出，只输出目标回波信号 d。图中延迟是为了使匿隐信号与大幅度信号同步而设置的。

（三）比较法

在脉冲多普勒雷达中，可以用多普勒频率测算出来的速度与距离跟踪器连续测量出来的回波距离变化率相比较，以此来判断是真目标还是干扰信号。若两者一致，则认为是真目标，否则认为是干扰回波。

第五节　与信号处理有关的抗干扰技术

信号处理包括相参处理和非相参处理。数字相参信号处理对杂波及箔条干扰有很好的抑制作用，它是由相参多普勒处理技术或自适应动目标显示（MTI）而得到的启发。由于相参处理对杂波、箔条以及干扰的抑制程度有限，剩余的干扰依然是虚警的主要来源，所以非相参处理也是需要的。

非相参处理中值得提到的有恒虚警（CFAR）检测器，脉宽及脉冲重复频率鉴别器，它们对抑制脉冲干扰很有用。脉宽鉴别电路测量每个接收信号脉冲的脉宽，如果与发射脉宽不同，则拒绝接收。基于脉冲重复频率的鉴别与之相似。脉宽鉴别技术有助于对抗箔条干扰，因为箔条走廊的回波宽度相对于发射脉宽要大得多。

多普勒处理的第一种类型是动目标显示（MTI），它可以在固定杂波中检测出动目标。其基本原理是利用目标和杂波的相对径向移动而产生的不同多普勒频移来过滤掉不希望的杂波。MTI 也可与相参积累器（快速傅里叶变换或横向滤波器组）或非相参积累器一起使用。MTI 相参积累器是动目标检测（MTD）处理器的关键部分。

箔条干扰和气象杂波的特性相似，不同之处是，箔条经切割后能对相当宽的频谱宽度响应。气象杂波及箔条干扰与地杂波的区别在于，它们的平均多普勒频移及扩展不能预先得知，这取决于风速及切变，而切变是由风速随高度变化引起的。为对付这些杂波，可以把 MTI 滤波器的一个或多个零点从零多普勒频率移到气象或箔条干扰的平均多普勒频率。然而，平均多普勒频率值通常并不是预先知道的，且随距离、方位、高度不断变化。这样就得使用自适应 MTI。简单地说，就是通过对相同距离单元的相继回波进行互相关处理，实时估计出杂波及箔条干扰的平均多普勒频率值，然后把 MTI 滤波器的阻带对准此估计值。但是，这种 MTI 的自适应性能受限于杂波和箔条的平均多普勒频率估计值，换句话说，如果两个干扰有相同的平均多普勒频率值和不同的频谱，它们将被 MTI 同等处理。还有，当存在不止一个杂波源时，这种 MTI 将不能很好地工作。这时不得不求助于最佳检测理论。

MTI 和 MTD 处理器的缺点在于，必须以稳定的频率及 PRF 发射一串脉冲（超过 10 个）。应答式干扰机可以测出第一个频点，然后调整干扰机频率以对准后面的脉冲。稳定的 PRF 排除了使用脉间 PRF 抖动技术的可能，而这种技术对付靠预测雷达发射脉冲的欺骗干扰很有用。由于需要特殊的回波脉冲序列用于对消，MTI 和 MTD 对异步脉冲干扰的抵抗力不足。高性能 MTI 及 MTD 需要宽动态范围线性接收机，这样就限制了硬和软限幅的使用，而它们与许多对付某些干扰形式的抗干扰技术相关。

脉冲压缩（脉压）中的抗干扰技术，与讨论过的波形编码紧密相关。脉压是用宽脉冲照射目标以增加照射目标的能量，在接收时通过窄脉冲处理获得高的距离分辨力。因此，在需要高距离分辨力或减小峰值功率的雷达中，几乎都采用脉冲压缩。脉压提供了某些抗干扰措施的优点。从电子支援的角度来看，采用脉压雷达后，与传统的宽脉冲雷达比较，敌方接收机将由于无法知道脉压代码，从而处于不利位置。与使用非压缩宽脉冲的雷达相比，脉压增加了雷达抵抗宽回波，如箔条和杂波的能力，此外，常用干扰机噪声及宽杂波都是非脉压的。脉压的弱点在于编码脉冲的长持续时间，这样给了电子对抗较长的处理时间，有利于敌方干扰机采取措施。脉压易受覆盖性脉冲干扰的压制。

以上只讨论雷达抗干扰技术，但是，雷达的操作及部署战术对雷达对抗干扰的能力有着重要的影响，它们包括操作者、操作方法、雷达部署战术及友邻电子支援等。

复习思考题：

1. 雷达干扰主要有哪些类型？
2. 与天线有关的抗干扰技术有哪些？
3. 与发射机有关的抗干扰技术有哪些？
4. 与接收机有关的抗干扰技术有哪些？
5. 与信号处理有关的抗干扰技术有哪些？
6. 副瓣对消和副瓣消隐有什么区别？
7. 什么是频率捷变？频率捷变可以改善雷达的哪些性能？

参考资料

[1] 严利华，姬宪法，梅金国．机载雷达雷达原理与系统［M］．北京：航空工业出版社，2010.
[2] 贲德，韦传安，林幼权．机载雷达技术［M］．北京：电子工业出版社，2006.
[3] 丁鹭飞，耿富录．雷达原理［M］．3版．西安：西安电子科技大学出版社，2002.
[4] 向敬成，张明友．雷达系统［M］．北京：电子工业出版社，2001.
[5] 中航雷达与电子设备研究院．雷达系统［M］．北京：国防工业出版社，2006.
[6] [美] 斯科尼克（Skolnik M I）．雷达手册：［M］．2版．王军，等译．北京：电子工业出版社，2003.